你一学就会的

思维导图

刘艳◎著

民主与建设出版社

·北京·

© 民主与建设出版社，2023

图书在版编目（CIP）数据

你一学就会的思维导图 / 刘艳著. -- 北京：民主与建设出版社, 2023.3

ISBN 978-7-5139-4118-1

Ⅰ. ①你… Ⅱ. ①刘… Ⅲ. ①思维训练－通俗读物 Ⅳ. ①B80-49

中国国家版本馆CIP数据核字（2023）第036085号

你一学就会的思维导图
NI YIXUEJIUHUI DE SIWEI DAOTU

著　　者　刘　艳
责任编辑　郭丽芳　周　艺
封面设计　刘红刚
出版发行　民主与建设出版社有限责任公司
电　　话　（010）59417747　59419778
社　　址　北京市海淀区西三环中路 10 号望海楼 E 座 7 层
邮　　编　100142
印　　刷　三河市嘉科万达彩色印刷有限公司
版　　次　2023年3月第1版
印　　次　2023年3月第1次印刷
开　　本　700毫米×980毫米　1/16
印　　张　19
字　　数　212千字
书　　号　ISBN 978-7-5139-4118-1
定　　价　54.00元

注：如有印、装质量问题，请与出版社联系。

目录 | CONTENTS

推荐序一 / Ⅰ

推荐序二 / Ⅲ

第一篇

思维导图的概述 / 001

思维导图的起源 / 003

思维导图的核心解读 / 004

思维导图的核心定义 / 004

思维导图的核心要素 / 005

思维导图的核心本质 / 005

思维导图的核心亮点 / 006

第二篇

思维导图的黄金思考法 / 009

多维度思考 / 010

认识大脑 / 012

思维导图的基础性思考：发散思维和聚合思维 / 017

导图的进阶性思考——思维模式和联想技巧 / 020

曼陀罗思考法 / 025

第三篇 **思维导图的核心操作技巧——擎绘系统** / 033
阅读思维导图的方法 / 035
绘制思维导图的步骤 / 040
绘制思维导图的核心法则 / 049
思维导图的高效绘制工具 / 088
思维导图的绘制类别 / 095
思维导图的绘制误区 / 106
思维导图绘制练习的具体要求 / 108

第四篇 **思维导图学习应用** / 119
思维导图绘制文章分析笔记 / 123
思维导图绘制考试复习大纲 / 148
思维导图的视听记录 / 169
思维导图绘制写作大纲 / 186
思维导图阅读书籍 / 202
思维导图应考策略 / 222

第五篇 **思维导图工作应用模板** / 243
自我介绍 / 244
演说技巧 / 247
目标设定 / 267
成功策划 / 270
教学设计 / 275
日常生活应用 / 281
用思维导图鉴别过期药 / 282

附录：东尼·博赞推荐序 原稿 / 292

推荐序一

作为思维导图之父（已经是祖父年龄了），我非常高兴地得知历史上最优秀的思维导图创作者之一——刘艳，刚刚完成了她的杰作。这定会是一本在中国甚至世界畅销的著作，而它此时已经在您手中。

刘艳做了极大的付出与努力，她从过去七年绘制的千余幅思维导图中精选百余幅集结成书，呈现在您的面前。在这本关于思维导图的书中，作者刘艳为每一幅思维导图配置精细的描述，同时包含了手绘思维导图的绝佳建议。书籍质量上乘，作者才华横溢，文字温暖人心，思路启迪智慧。

刘艳是一位真正的智将！

柏拉图曾经说过，“思维是灵魂的自我谈话”。事实上，在人类的发展过程当中，我们认为所有的信息都以记忆的形式存在，而我们把整理信息以及让信息创造价值的过程称为思考。思维导图是一个帮助人们高效处理信息、记录思维过程与思考内容的工具。手绘思维导图是一种记录思维的绝佳形式。绘制本身就是记录事情全时态的思考过程。在完成思维导图之后，思考的过程得以呈现，这就是思维导图帮助绘制人梦想成真的过程。

在信息化飞速发展的今天，我非常高兴能够看到这本刘艳写的关于思维导图的书。这本书是用大量的例子着重阐释手绘思维导图，让我们感受到了思维导图的魅力与威力。与此同时，这本书全面反映了思维导图的绘制过程、手绘的核心技巧、思考的重要性，以及思维导图在学习乃至生活中的广泛应用。在这本书中，刘艳整理了关于思维导图绘制中出现的问题并一一给出答案，这对初识思维导图的人们具有极大的帮助。总而言之，这本书是所有热爱手绘思维导图的人的福音。

2010年在北京，我与刘艳首次相遇。那时，她拿着厚厚一本手绘的思维导图，每一页都是如此精致、美丽、迷人。她谦逊、勤奋的工作态度给我留下了极为深刻的印象。在2014年的英国TLI思维导图认证课堂上，我们进行了深入的沟通。那时我就从她身上感受到了她对于思维导图的热爱。近几年，我很高兴地看到刘艳对思维导图发展做出的巨大贡献。她策划并绘制了中国最大的思维导图，面积达到了216平方米。她培训了数量众多的思维导图热爱者，让这些人在学习思维导图的过程中收获颇丰。我十分期待与刘艳再一次见面，共同促进思维导图的发展！

刘艳是世界上最好的思维导图绘制者之一，也是在心理素养与思维导图教学中极为勤奋、智慧、富有创造力的老师之一。这两天，在新加坡举办了世界思维导图大赛。现在，我正和本次比赛的冠军在一起，她就是刘艳，她的思维导图作品异乎寻常地优秀。她的导图非常出色，非常具有创新性，非常具有想象力，而且反映多重智慧。这些冠军作品，经过了评委的严格审查和打分，刘艳的所有作品都获得了超高分数，在三个领域都是这样。她的所有作品综合评分达到92.5，这是比赛作品中最高的。现在，她是名副其实的冠军获得者。不管是在中国还是在世界，请记住你要跟随刘艳学习思维导图，因为她是这个领域最出色的领导者之一。

这是一本思维导图应用方面的新书，现在正在向中国和世界推广！我高度推荐这本思维导图大作！

衷心祝贺！

东尼·博赞

2016年12月14日

推荐序二

英国心理学家东尼·博赞在研究大脑的力量和潜能过程中，发现以达·芬奇为代表的诸多顶级天才手稿中使用了许多引导词、图画、代号和连线。他对此进行了研究和总结，在此基础上，他首先将其应用于训练一个被称为“学习障碍者”“阅读能力丧失者”的人群，这些所谓的“差学生”很快变成“好学生”。1971年，博赞开始将他的研究成果集结成书。

外国人的研究成果适合中国人吗？其实，根据陈鹄《耆旧续闻》中对于苏轼“三抄《汉书》”的记载，我们中国的天才同样在使用这样的方法。你以为人家是天生过目不忘，却不知是人家大脑里面安装了先进软件的结果。

既然如此，这样的方法当然值得大力推广，所以看到刘艳老师这本书即将推出，我十分高兴。

我与刘老师相识已久，彼时刚刚接触大脑开发领域的刘老师，其清新活泼的画风就让人觉得很适合做示范性的思维导图。果不其然，不久之后，刘老师的思维导图就得到了业内的广泛认可，其后更接受了思维导图发明者博赞本人的训练，水平更上一层楼。我的第一本书《最强大脑：“魔方墙找茬王”郑才千的学神秘笈》也专门请来刘老师为我配图，因为我知道刘老师在手绘思维导图领域是当之无愧的巨擘！

说起来，软件绘图与手绘各有利弊，但是手绘的确更加自由，可以把心中的灵感比较全面地表达出来。学习思维导图的第一步和学习书法是一样的，就是要模仿名家的作品。这本书中的纯手绘导图是非常宝贵的学习资料，当你认真模仿、精心画图一段时间之后，你会不经意地发现，你的思维能力、记忆力、理解力等都得到了长足的提高。

写字比说话慢，画图比写字更慢。思维导图画起来并不轻松，但是当你用心画完，你会发现：梦想中伟人般的头脑，你也可以拥有。愿与各位读者勠力同行！

郑才千

2016年11月于北京

MIND MAPPING

第一篇

思维导图的概述

人类大脑的思维形式不是工具栏，也不是菜单，它的思考是有机的，就像一切天然的形体，就像人类身体的循环系统和神经系统，或是树的枝条和叶子的脉络。大脑就是这样思考的。要想有健全的思维，就需要有反映这一天然有机体的工具，思维导图就是这样一个工具。

——东尼·博赞

思维导图的起源

思维导图是由世界大脑先生、世界创造力智商最高保持者东尼·博赞先生于20世纪70年代发明创造的。它以放射性思考为基础，是一种简单、高效的思维工具，被誉为“大脑的瑞士军刀”。根据思维导图发明人博赞先生在他的书中所述：思维导图是一种放射性思维，体现的是人类大脑的自然功能。它以图解的形式和网状的结构，用于储存、组织、优化和输出信息，它利用的就是这些自然结构的灵感，从而提高效率。

21世纪人类进入了智能时代，智能时代又被誉为“读图时代”，前沿资讯正以惊人的速度充斥着我们的学习、工作和生活，即便是刻意去寻找某条信息，也很可能与其擦肩而过。那么在如此庞大的信息量中，一条新的信息若想引起人们的关注，就必须让人眼前一亮，产生共鸣，有想要继续看下去的冲动。思维导图正是通过“核心图文”让读者以最直观的方式捕捉和理解关键信息的内容。它将信息转化为易于理解的可视化传播形式。数十页的文章、庞大的数据和统计图，浏览这些内容不仅耗费时间，有时还很难看出信息本身所蕴含的价值。一眼看去毫无章法的信息，我们就可以使用思维导图的强大功能让它们重新整合，变得一目了然，从而带给我们全新的发现，这也是主张运用思维导图的乐趣之一。

思维导图的核心解读

思维导图，顾名思义：思，体现的是智慧的源泉，需要我们用心思考；维，体现的是思考的角度，多维度立体化，采用的是放射状的思考方式；导，体现的是视觉上的信息输入和输出，输入是整理，输出是激发；图，体现的是图谱的力量，以树状结构为主、网状脉络为辅，把大脑天生的互联网变成可视化、可感知的思维地图。

思维导图的核心定义

1.思维导图是一种高维度思考与图文并茂形式结合的可视化笔记法；

2.思维导图是一种显示大脑存储能力，提高信息整合效率的图解思维器；

3.思维导图是一种全面提升记忆力、创造力、逻辑力的智能节点图。

思维导图的核心要素

一幅完整的思维导图，包含六大方面的核心要素。它们分别是：心（中心图CENTRAL）、线（线条LINE）、词（关键词KEYWORDS）、图（图像IMAGE）、色（颜色COLOUR）、构（结构STRUCTURE）。

思维导图的核心本质

思维导图与传统笔记最大的区别就在于它更直观，能够让我们快速抓住想要传递的信息本质，发现问题所在，将复杂的内容简单化，从而找到解决问题的方法，正所谓“化繁为简，以简驭繁”，这也是思维导图的核心本质。

思维导图概述图

思维导图的核心亮点

1.吸引眼球，令人心动（ATTRACTIVE）：思维导图是一种带有流动线条与多彩图像的可视化笔记，我们的大脑天生就喜欢自然、有颜色、有图像感的画面，这种形式会让人眼前一亮。

2.精准传达，信息明了（CLEAR）：思维导图本身呈现的是一种放射状的结构，线条与线条之间存在着特定的逻辑关系，能够把关键信息点之间的联系清晰地表达出来。

3.去芜存菁，简单易懂（SIMPLE）：思维导图的绘制过程，本身就是对庞大资讯的二次提炼，也是对知识的进一步理解和自身学习能力提升的过程，它运用关键词和关键图像对资讯进行概括、组织、优化，然后得以输出，就像一个“瘦身”的过程，让人对资讯内容一目了然。

4.视线流动，构建时空（FLOW）：思维导图是一种动态的结构形式，可以清晰地看出我们思考的轨迹，你脑内的思想随时可以在图中进行相应的添加与补充，通过时间、空间、角度三个层面进行多维度的思考。

5.全貌概括，以图释义（IMAGE）：一张思维导图可以概括出整本书的核心要点，从而运用图解的形式诠释整个思维过程。这就是：“One page control”，一页掌控的能力。

MIND MAPPING

第二篇

思维导图的黄金思考法

多维度思考

美国伟大的发明家理查德·巴克明斯特·富勒（Richard Buckminster Fuller）曾说过这样一句话："要想教给人们一种新的思维方式，就不要刻意教他们，而应当教给他们一种工具，通过使用工具培养新的思维方式。"思维导图正是一种开发大脑无限潜能，帮助人们高效思考的可视化思维工具。思维导图之所以高效，是因为它动态的形状和形式，模仿了显微镜下的神经元，目的是促进大脑快速、高效、自然地工作。思维导图把大脑天生的互联网变成了可视化的、看得见的互联网，可以帮助我们利用联想与想象存储和提取重要的信息。它被称作一种动态的和有机的复习工具、时间管理器和"多维度"的记忆激发器。

那这里讲的多维度的"维"是什么意思呢？让我们一起来了解一下！

"维"

零维：点，无参数；

一维：线，参数是点；

二维：面，参数是线；

三维：体，参数是面，属于静态空间；

四维：三维空间+时间轴，属于动态空间。

思维导图是线性（一维）、平面（二维）、立体（三维）或多维度思考系中的一个步骤，呈现的是一幅放射状的思维图谱。

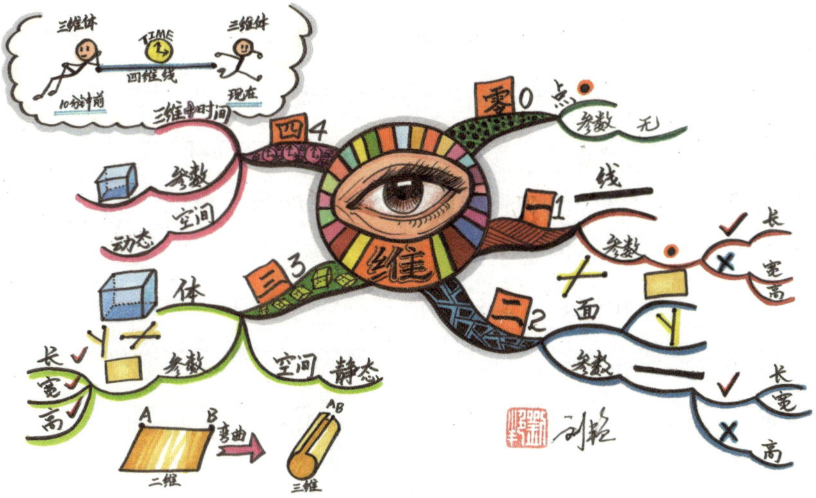

维度解析图

零维：点，无参数。从几何的角度来说，它就相当于一个“点”，本身没有大小和维度，是被想象的，作为标志一个位置的点，这就是“零维度”。

一维：线，参数是点。已经存在了一个点，我们再画另外一个点，两点之间连一条线，这样“一维空间”就产生了，它只有长度，没有宽度和高度。

二维：面，参数是线。在一维空间里再画一条线，穿过原先的这条线，那么就形成了二维空间，二维空间里的物体有宽度和长度，但是没有高度。在纸上画一个长方形，长方形内部就是一个二维空间，我们可以用两条相交的线段来表示二维空间。例如：物体的横截面、纸片人，等等。

三维：体，参数是面，代表的是静态空间。把二维空间折叠或弯曲，就得到了三维空间。三维空间有长度、宽度与高度，是立体的。例如：我们居住的房间、学习的教室等都属于三维空间。

四维：三维空间+时间轴，代表的是动态空间。四维比三维多的一维是时间，想象一下，左边有一个10分钟之前的我，右边则是现在的我，将这“两个我”看成两个点，穿过两个点的连线，就是四维空间里的线。那么在现实生活中我们可以看到过去和未来的自己吗？当然不能！因为我们是三维体，活在三维空间中，就像二维体只能看到三维体的横截面一样，我们作为三维体，只能看到四维空间的横截面，也就是现在的你、我、他，换句话说就是“活在当下”。

了解了“维度”的具体含义之后，我们可以尝试着把这种“多维度”的思考方式带到思维导图当中去，并与之结合，呈现出放射状的思维方式，从而充分发挥思维导图最大的功用！

认识大脑

我们人类的大脑分为左、右两个半球，两个半球在认知和行为功能上存在着很大的差异，左半球主控的是逻辑思维，它像一位科学家一样，被称为“理性脑”；右半球主控的是形象思维，它像一位艺术家一样，被称为“感性脑”。两个半球协同工作，相辅相成，相得益彰。人脑是自然界最为复杂的系统，大脑的结构系统包含复杂的生理结构和功能结构，生理结构由神经元系统组成，是通过遗传形成的；功能结构是通过神经网络功能的建构形成的，是人出生后通过环境和教育才能形成的。那么，思维导图就是一种有效建构神经网络功能最好的工具，它符合我们大脑本身自然的思维方式。我们在绘制思维导图的过程中，要经过系统的思考，这时神经网络中的神经元细胞就在做相应的连接，连接的数量越多、越紧密，我们的神经网络功能就会越强大，也会更加趋于完善。

据科学检测，人脑有130多亿个神经元，神经元之间借助突触可以形成各式各样的复杂的神经网络，这正是大脑可塑性的重要基础。思维导图的结构形式模仿了显微镜下的大脑神经元的结构，作为人脑

信息处理的基本功能单位。神经元具有一些独特的构造，它的细胞体上长有一些突起，这些突起分为两种形式：突起数量比较多、个头比较小的，叫作树突；又长又粗的，叫作轴突。这些突起与信息传导密切相关，树突是负责接收信息的，轴突是负责传出信息的。一个神经元就是由神经细胞的胞体和长在上面的树突和轴突构成的。神经元对输入的信息具有在时间上和空间上进行总和的机能，它每时每刻都在对位于细胞不同部位的突触输入进行加工处理，从而决定其输出的强弱，这个过程也叫作整合作用，正是通过这种整合作用，亿万个神经元在大脑中夜以继日地处理着无数的信息，执行着大脑的各种机能。大脑将信息储存在树状的树突上，它以类型和关联存储信息，思维导图的思考绘制方式也是根据大脑神经元细胞的工作原理而形成的，二者之间有异曲同工之妙。

我们大脑功能的强弱取决于神经元之间功能连接的网络结构和品质。大脑中的神经细胞与我们的思维有如此大的相关性，那么是否神经细胞的数目就决定了一个人的智力或潜在智力的高低呢？以前有很多人一度这样认为：脑子大的人相对来说比较聪明，脑子小的人相对来说就比较愚蠢，然而事实并非如此。决定智力的不是神经细胞本身的数目，而是细胞与细胞之间的相互联系，连接的数量越多，智力就越高。大脑功能存在一个发育和发展的长期过程。从微观上看，大脑功能始于一个个神经元之间的连接；从宏观上看，脑功能的发育、发展是伴随神经网络的建构过程形成的，好像渔民在编织大的渔网，所以可以用思维导图的“网状脉络”来形象描述。第一，神经网络是复杂的立体网络；第二，神经网络不是从一点开始“编织”，而是从多点开始“编织”，各自形成有特定功能的局域网，然后互相聚拢，从而形成整体神经网络；第三，神经网络结构是动态变化的，具有“终身可塑性”。可见，以上三点与思维导图本身的结构功能存在许多相似之处。

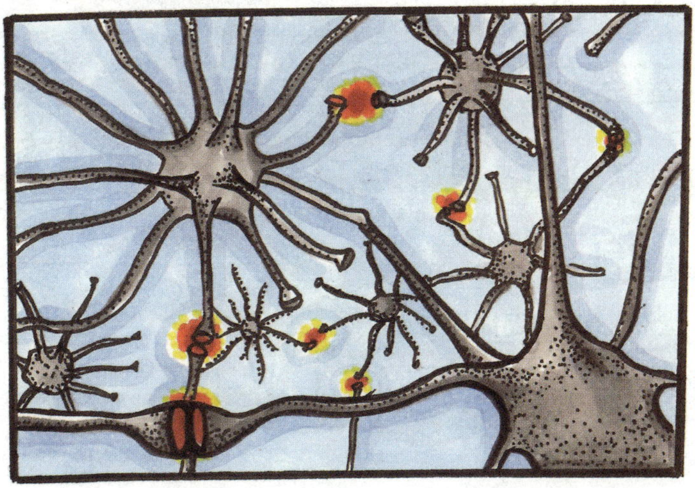

1981年，美国的罗杰·斯佩里（Roger Sperry）博士因为证明了裂脑理论而获得诺贝尔生理学或医学奖。他的研究表明，人的大脑分为左、右两个半脑，两个半脑功能不同，但有时又有部分重合。大脑的左、右两个部分分别擅长不同的思维方式。左脑擅长分析，右脑擅长创意。在所有习惯用右手的人当中，95%的人都是用左脑进行分析，用右脑进行创意思考，而通常大多数“左撇子”人士的左右脑功能与“右手”人士正好完全相反。左脑发达的人会以逻辑的方式吸收信息，如果信息以逻辑、线性方式呈现，他们就能够很快吸收。右脑发达的人一般会先产生一个宏观的图像，如果信息以视觉、直觉的方式呈现，就较容易被他们接受。

下面，我们来了解一下大脑的分工：

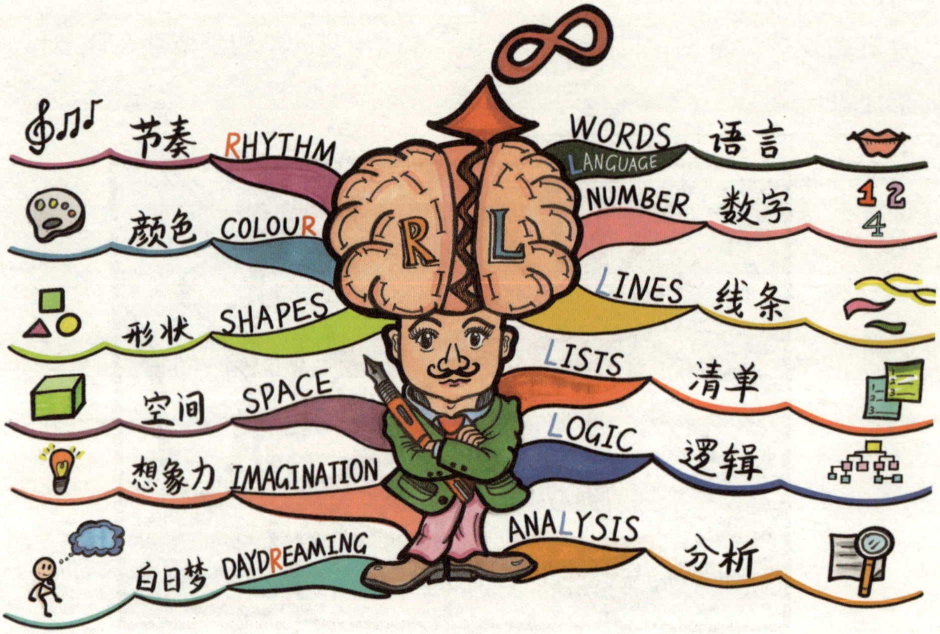

大脑分工图

左脑包括：语言、数字、线条、清单、逻辑、分析。我们的左脑善于分析，进行线性思考，比较理性，负责管理语言表达，所以左脑思考通常属于“聚光”思考，重视次序和序列，可以把零散的局部组合成一个有机的整体。左脑控制我们的分析、科学、逻辑、数学和语言学习行为。

右脑包括：节奏、颜色、形状、空间、想象力、白日梦。我们的右脑比较全面，善于想象，比较有艺术思维，擅长管理非语言表达，所以右脑思维通常被认为是“散光”思考，重视整体和发散，本能上会先看整体，再看局部。右脑主管我们的艺术、音乐、创新、想象、戏剧和视觉等行为。

思维导图是一种充分调动左脑的逻辑思维和右脑的形象思维来记录和表达思想的可视化工具，鼓励人们进行全方位多角度的思考，开掘大脑无限潜能，从而创造出无限的可能性。那么由美国心理学家帕维奥（Paivio）于20世纪70年代提出的“双重编码理论”正好符合了左右脑的分工。该理论声称大脑处理信息主要使用两个渠道：语言与视觉。语言主要使用的是文字，而视觉主要使用的是图像。双重编码理论也为思维导图提供了很好的理论基础，思维导图正是运用了左脑的语言逻辑和右脑的视觉图像，鼓励人们进行多维度思考的视觉思维器。

思维导图的基础性思考：发散思维和聚合思维

发散思维

发散思维指的是来自或连接到一个中心点的联想过程。其中，发散指的是向各个方向传播或移动，或者是从一个既定的中心向四周辐射，被誉为：思想的爆发！发散性思维反映了你的大脑内部思维的结构和过程。发散性思维通常被称为思维导图的简单雏形。思维导图是你自己发散性思维的外部镜子，带你进入这个能量无穷的思维发电站。我们都知道人们的思维本身是看不见、摸不着的，然而思维导图可以将我们每个人的思维变得可视化、可感知！发散思维是思维本身固有的过程和结构，它由想象力、联想力以及定位三部分支撑。在进行发散思维时，每一个想法都要从中心主题放射出去，进行360°全方位多角度延展。

发散思维的内容和本质：大脑在思考问题的时候呈现出的一种扩散状态的思维模式，从一个目标或思维起点出发，沿着不同方向，顺着各个角度，提出各种设想，寻找各种途径，解决具体问题。

发散思维的表现：思维视野广阔，思维呈现多维发散状，例如：一题多解、一事多写、一词多义、一物多用。

发散思维的特点：流畅性、变通性、独特性、多感官性。

流畅性：在思考问题或解决问题的过程中观念是自由发挥的，在尽可能短的时间内生成并表达出尽可能多的思维观念以及较快地适应、消化新的概念。

变通性：克服头脑中僵化了的固有观念，打破常规，按照新的方向来思索问题，触类旁通，使思维沿着不同的方向扩散。

独特性：在发散思维的过程中可能联想到不同寻常的新奇想法，产生超乎预期的头脑风暴。

多感官性：在发散思维的过程中不仅仅要运用视觉思维和听觉思维，更要充分利用其他感官接收并加工信息。

发散思维的训练要点：通过不同的途径、方向，以全新的视角去探索、重组眼前的和记忆中的信息。在训练的过程中要追求独特性，循序渐进，如果暂时出现了想不出的状况，可以适当增加空白线条，这些空白线条会让你的大脑趋向尚未完成的内容，会让你瞬间脑洞大开！

聚合思维

聚合思维又称“收敛思维”和“求同思维”。它是创新思维的一种形式，它会把所有思考都集中到一点，当我们从一个比较窄的视角分析某个问题，或者说集中精力思考一个点时，就是聚合思维模式。

聚合思维的内容和本质：在解决问题的过程中，尽可能利用已有的知识和经验，把众多的信息和问题的可能性逐步引导到条理化的逻辑序列中去，从而得出合乎逻辑规范的结论。

聚合思维的特点：

封闭性：将许多发散性思维得出的结果从四面八方聚合起来，选择一个合理的答案。

连续性：在解决问题的过程中，每一个假设之间都是有联系的，是环环相扣的。

求实性：将发散思维得到的结果进行筛选，然后以切实性为准绳，按照实际标准选择出方案和设想。

聚焦性：在解决问题的特定指向上进行思考，积累足够的量，从而形成质的飞跃，最终顺利地解决问题。

发散思维和聚合思维二者的区别

发散思维是为了解决某个问题，从这一问题出发，想的办法和途径越多越好，它的终极目标是还有没有更多、更好的办法。而聚合性思维则是以解决某一问题为出发点，在众多的现象、线索和信息中，从问题的一个方向进行思考，根据固有的经验、知识采用最好的办法去得出最好的结论。简言之，发散思维是“一到多”，而聚合思维是

“多到一”。

发散思维会让你的脑洞大开，迸发出许多新的创意和想法，而聚合型思维则会让你深度思考某一个细节，直到找到答案。聚合思维好比是显微镜，能让你把某一个东西看得更加清楚，观其本质；发散思维好比是望远镜，可以让你看到更多的东西，从而有所选择。

导图的进阶性思考——思维模式和联想技巧

阶层结构（思维模式）——水平思考&垂直思考

从思维导图法的发散思维，即放射性思考而言，其联想的逻辑结构有“水平思考”和“垂直思考”两种类型。

1.水平思考【Lateral Thinking】：Brain Bloom（思维绽放），联想开花，广度思考

并联式思考，结构属于并列关系，好比物理学中的并联电路。并联电路指的是用电器的两端分别连在一起，然后接到电路中，我们说这些用电器是并联的。电流有两条或两条以上的路径，有干路和支路之分，就相当于思维导图的主干和分支。如下图所示，L_1和L_2组成并联电路，L_1和L_2是并列关系。

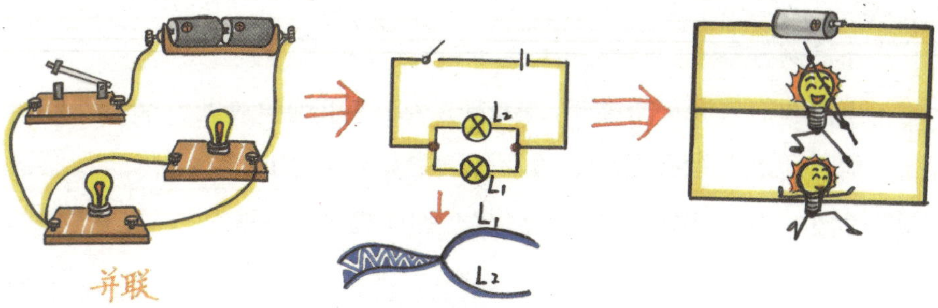

并联电路图——并列关系线条

作用：扩展思考的广度，增进创造力。

2.垂直思考【Vertical Thinking】：Brain Flow（思维飞扬），联想接龙，深度思考

串联式思考，结构属于递进关系，好比物理学中的串联电路。串联电路指的是用电器首尾依次相连，然后接入电路中，我们说这些电器是串联的。电流只有一条路径，无干路、支路之分。如下图所示，L_1和L_2组成串联电路。

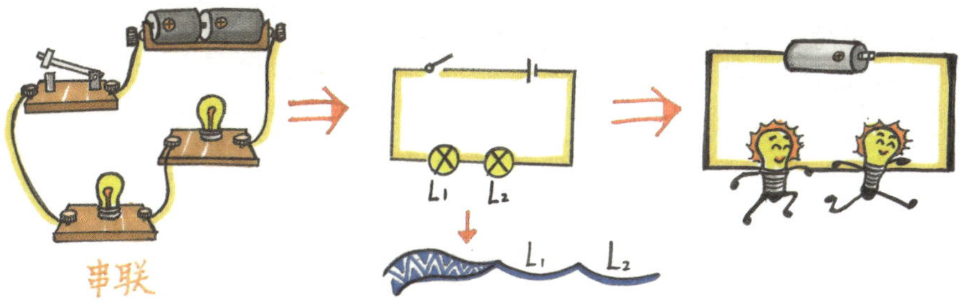

串联电路图——递进关系线条

作用：增进思考的深度，能强化问题的分析及推演能力。

【案例分享】

下面我们来看一个关于“Brain Bloom（思维绽放）”的例子。

请看下图，中心图“手表”代表的是中心主题“计划”，由“计划”通过“Brain Bloom”展开联想，你能想到什么呢？

围绕在中心图四周的主干内容都是由“计划”所产生的Brain Bloom联想。由“计划”分别联想到“目标”“现状”“资源”“步骤”“注意”“时间”“检查”。

再来看一个“Brain Flow（思维飞扬）”的例子。

从中心主题的“计划”想到“目标”，“目标”想到“提升”，“提升”想到“能力”，“能力”想到“表达”，“表达”想到“培训”。“目标—提升—能力—表达—培训”就产生了一个“Brain Flow（思维飞扬）”的路径。

思维导图法中的阶层结构是由“Brain Bloom”和“Brain Flow”交织而成的。我们可以从中心主题或任意一个主干线条来进行“Brain Bloom”和“Brain Flow”的联想。

水平思考法有利于产生新点子和方法，提供更多的选择，以提升垂直思考的效率；垂直思考法则有利于发展水平思考法所迸发出的点子，以提高水平思考的能力，而思维导图恰恰可以融合这两种思考法的优点。

内容属性（联想技巧）：自由联想&逻辑联想

思维导图的阶层结构中，无论是水平思考还是垂直思考的联想，关键词的属性又可分为：自由联想和逻辑联想。自由联想就是天马行空的想象，联想过程中没有特殊的要求、特定的目的，每一个想法都很自由随性。逻辑联想带有一定的目的性，存在一定的逻辑关系，如上图所示，制订一项计划，要从上面七个维度展开思考，才能便于制订出切实可行的计划。

1.逻辑联想（Logical Association）

工作计划、会议记录、问题分析、新闻报道等方面，适用逻辑联想。

2.自由联想（Free Association）

创意思考、头脑风暴、产品设计等方面，适用自由联想。

无论是水平思考还是垂直思考，都可以有逻辑联想与自由联想两种联想模式。

联想和想象的区别：

联想就是由一事物想到另一事物的心理过程，想象就是在原有感性形象的基础上创造出新形象的过程。联想和想象经常在一起使用，可以使内容更加丰满。联想力是“二维”，想象力是“三维”3D立体（背景知识&背景联想）。思维导图充分发挥着我们的联想力和想象力。

曼陀罗思考法

曼陀罗是由梵文的Manda（本质、真髓）+la（拥有）组合而成的一个词，意思是具备本质的事物。曼陀罗思考法又称为九宫格思考法。最大的特色是运用一张内含核心的3×3九宫格来呈现整体与局部的相互关系与平衡。它是基于大脑与内心的结构来进行解读的，从而进行多元化的思考。曼陀罗思考法可以调整混沌的状态，把事情具体化，使其变得更加清晰明确。我们的意识一旦经过整理，就会从表意识烙印到潜意识当中，从而导向更清晰的目标并促使我们采取行动。只要熟悉这种技巧，我们就可以把它灵活应用在各类计划当中，如：专属人生计划、工作计划、年预定计划、月执行计划、周行动计划、日实践计划等当中。这种九宫格的形式和前面提到的发散思维具有类似的功能，可以用来激发我们的灵感，从而产生新的点子。

最基本的使用方法就是在九宫格中间的格子里填写主题，然后在它周围的八个格子里写下相关要素。这样一来就可以将主题具体化，并导向更实际的应用。

F 人格 Personal	C 财务 Finance	G 学习 Study
B 工作 Business	自己	D 家庭 Home
E 社会 Society	A 健康 Health	H 休闲 Leisure

说明：

第一步：把自己写在九宫格的中心，也就是曼陀罗结构的核心。

第二步：接着把人生涉及的八大领域，分别是健康、工作、财务、家庭、社会、人格、学习、休闲，配置在这个曼陀罗结构周围的八个格子里。这时的曼陀罗呈现的是“水平思考法”。

第三步：最后在各个领域里写下自己的梦想、愿望、目标。

九宫格思考法虽然是以九个方格为主，但一个格子却可以再衍生成九个，如此不断地延伸下去，可以激发出更多的潜能，从而进行立体思考。所有的想法内容完全囊括在一个9×9=81组成的表格内，是一种整理归纳点子的绝佳方法。这种方式被誉为“曼陀罗中的曼陀罗”，可以同时训练水平思考和垂直思考。思考层面就不再是单层次思考了，而是形成了一个思考网。

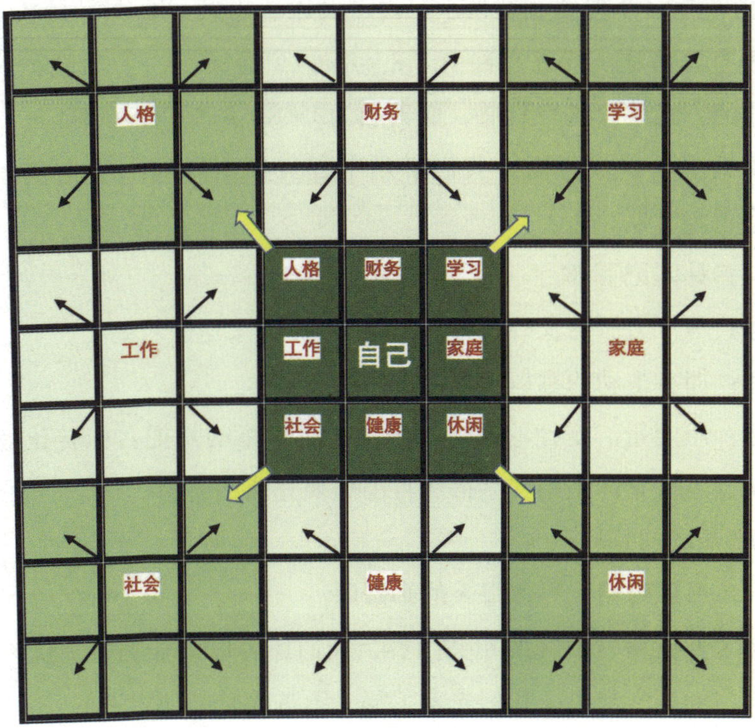
人格
财务
学习
人格
财务
学习
工作
工作
自己
家庭
家庭
社会
健康
休闲
社会
健康
休闲

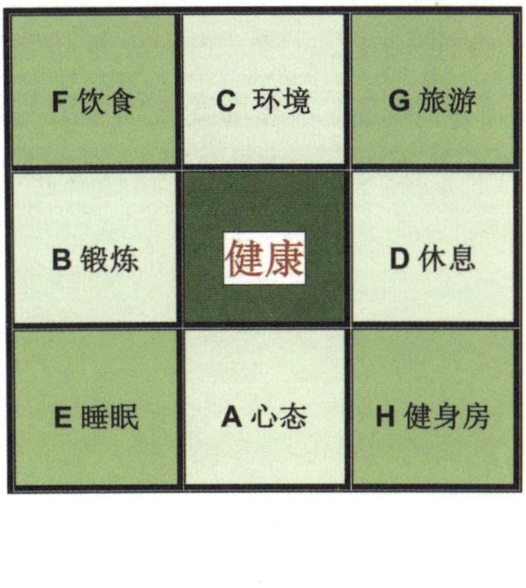
F 饮食
C 环境
G 旅游
B 锻炼
健康
D 休息
E 睡眠
A 心态
H 健身房

由“自己”想到“健康”，由“健康”想到“心态”，这个过程就是垂直思考法。现在已经有了8×8=64个答案了，今后我们可以再用这样的方式继续进行延展，使其成为8×8×8=512个答案！

要想圆满达成目标，我们必须掌握目标引导的六字密码：具、达、意、定、期、天。

具：具体记下来；

达：写下力所能及的目标；

意：拥有主动的意识；

定：用定量、定性的方法来表示，定量指的是把目标转化成具体的数字，定性指的是用文字描述自己想要完成的事情；

期：设定期限；

天：形成习惯，当作每天的必修课。

由“九宫格”展开的相关内容，我们还可以延伸到中华优秀传统文化当中的国学经典。我们先来了解一下古人是如何思考的。

“君子有九思”，此语出自《论语》季氏篇。此处所谓“君子”，当然是指德行高尚的人。所谓“君子有九思”，是说作为一个君子需要在九个方面多用心思考。古人思考问题时便擅长从九个维度考虑，那如今我们应该把古人九维度的思考法与西方的曼陀罗思考法做一个有效的整合，使其成为更符合我们现代人思维方式的一种表现方式——思维导图。

孔子曰：“君子有九思。”参照上幅思维导图，可理解为：“君子在九个方面多用心考虑：看，考虑是否看得清楚；听，考虑是否听得明白；脸色，考虑是否温和；态度，考虑是否庄重恭敬；说话，考虑是否忠诚老实；做事，考虑是否认真谨慎；有疑难，考虑应该询问请教别人；发火发怒，考虑是否会产生后患；见到财利，考虑是否合于仁义。”

【案例分享】

请问由“员工”你想到了什么？请用九宫格思考法的方式来进行相应思考填充。

F 培训	C 机制	G 流程
B 健康	员工	D 成果
E 架构	A 基因	H 监督

接下来，我们来看看两位同学运用九宫格思考法绘制的目标。

全图版目标图 魏一烽/绘

作品解读：中间拟人版的靶子代表的是目标，围绕中间的目标展开联想，这些目标分别是：控制网络游戏，坚持写作，考试取得好成绩，每天阅读《了凡四训》，练习书法，合理安排时间，学会感恩，坚持绘制思维导图。

图文并茂版目标图 王子为/绘

MIND
MAPPING

第三篇

思维导图的核心操作技巧——擎绘系统

擎绘系统，指的是通过启动大脑的搜索引擎，激发大脑原本被忽视的思维潜能，依照人类大脑最自然的思考方式，采用树状结构为主、网状脉络为辅的图解方式，从而呈现出大脑思维过程的视觉化图谱系统，给予记忆力、创造力、逻辑力一个全新的生命。

思维导图法是方法，思维导图是工具。思维导图法最主要的工具是思维导图，但也可以运用鱼骨图、曼陀罗、九宫格、金字塔、概念图等视觉图作为辅助工具，从而达到更好的效果。思维导图法的核心是一种大脑思维的动态过程，主要呈现的是大脑思考的过程，而非一张静态的平面图。它兼顾了逻辑与创意、科学与艺术、理性与感性，因而是一种可以帮助我们激发创意，提升记忆力与解决问题能力的全脑学习法。

阅读思维导图的方法

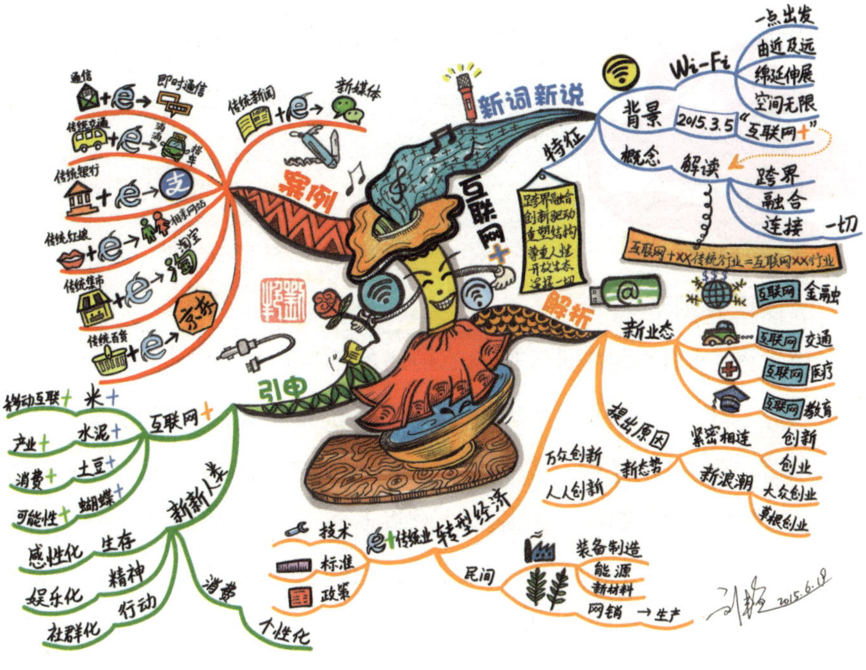

“互联网+”密码图

了解主题意象

阅读一张完整的思维导图，首先从中心主题，也就是中心图开始。中心图会让我们对整张思维导图的主题有一个较为清晰的认识。

例如：这幅导图的中心图是一个灵动的舞者，手持鲜花，两个手臂持续滚动“Wi-Fi球”，她的头顶迸发出了一股装满“+++”与“音符”的源泉，同时也构成了第一部分的主干。整个中心图表现的是舞者翘首企盼“互联网+”时代到来的喜悦心情。“互联网+”，简言之，就是互联网和传统行业、产业之间所做的加法，把互联网运用到传统产业当中去。

宏观整体架构

接着从整幅导图右上角的大纲主干开始，以顺时针方向依次阅读各个大纲主干上的关键词内容，了解整幅思维导图的框架内容。

第一主干：新词新说；第二主干：解析；第三主干：引申；第四主干：案例。

掌握分类层次

然后分别阅读各个“大纲主干”之后的“内容分支”。

阅读内容细节

接着逐一阅读小类别以及细节描述的部分。

1.第一主干：新词新说。分为四个分支：Wi-Fi符号含义、背景、概念、特征。提起“互联网+”，脑海中不由得呈现出一个扇形的Wi-Fi符号，寓意由一点出发，由近及远，绵延伸展，空间无限。背景方面，2015年3月5日，首次提出“互联网+”概念，它指的就是“互联网+××传统行业=互联网××行业，需要跨界、融合、连接一切”。它的特征是跨界融合、创新驱动、重塑结构、尊重人性、开放生态、连接一切。

2.第二主干：解析。分为三个分支：新业态、提出原因、转型经济。近年来，“互联网+”模式，从全面应用到第三产业，形成了诸如互联网金融、互联网交通、互联网医疗、互联网教育等新业态。

国家之所以提出“制订‘互联网+’行动计划”，就是因为它和“创新、创业”紧密相连，国家希望掀起“大众创业”“草根创业”的新浪潮，形成“万众创新”“人人创新”的新态势。转型经济方面，互联网与传统行业在技术、标准、政策等多个方面充分对接，在民间，工业互联网正在从消费品工业向装备制造、能源和新材料等工业领域渗透，农业互联网也在从电子商务等网络销售环节向生产领域渗透。

3.第三主干：引申。分为两个分支：互联网+和新新人类。新新人类指的是80后、90后、00后，他们成群结队，他们感性化生存、娱乐化精神、社群化行动、个性化消费。

4.第四主干：案例。分为七个分支：传统新闻+互联网=新媒体（微信）、通信+互联网=即时通信（短信）、传统交通+互联网=滴滴打车、传统银行+互联网=支付宝、传统红娘+互联网=相亲网站、传统集市+互联网=淘宝、传统百货+互联网=京东。

强调重点插图

标有重点插图的文字信息代表的是重要资讯。

第一主干上“新词新说”用“话筒”表示，代表用全新的说法阐述新词；第二主干上“解析”用“U盘”表示，代表深刻解读相关资讯；第三主干上“引申”用长长的“数据线”表示，代表延展出背后深层的含义；第四主干上“案例”用万能的“瑞士军刀”表示，代表“互联网+”功能强大，案例丰富。

重复重点内容

阅读完整张思维导图后，再次回顾重要资讯，重点复习，加深记忆。例如：第四主干“案例”内容中的插图，以及类似“技术”“标准”“政策”等标有图像语言的重点信息。

【案例分享】

请大家不要急着看后面的解析，先用心猜一猜每个图像代表的具体含义。

自我介绍图

步骤一：先阅读中心主题。

中心图画的是一支笔和一张便笺，意为“留言”，谐音“刘艳”；

步骤二：阅读大纲主干。

这幅全图版自我介绍分为四大主干，分别代表：家乡、爱好、梦想、座右铭。“茂盛的树冠上盖了一座房子”代表的是“家乡”；“标有LOVE的红心上托着腮的小姑娘”代表的是“爱好”；“甜美进入梦乡的太阳”代表的是“梦想”；“两把钥匙和一把锁”代表的是“座右铭”，锁代表的是人生，两把钥匙分别代表思想和行动，两把钥匙开一把锁代表知行合一，开启智慧人生。

步骤三：阅读内容分支。

第一部分：我的家乡。我现居北京，画的是北京标志性建筑“天安门”，我的出生地是“河北唐山”，唐山曾经遭受过7.8级的强烈地震，在这里用“唐山抗震英雄纪念碑”进行说明，冯小刚导演专门为此拍了一部关于唐山大地震的电影，所以用“电影胶片”代替。

第二部分：我的爱好。分为三个分支：食物、艺术、生活。食物方面用图像字“eat”代替，喜欢吃螃蟹、关东煮、西瓜、胡萝卜，喜欢喝果汁；艺术方面用图像字“art”代替，喜欢主持、美术、声乐、舞蹈以及思维导图；生活方面用图像字“life”代替，喜欢旅行、种植竹子和盆花，喜欢收集玩偶“蒙奇奇”。

第三部分：我的梦想。分为四个分支：成为一流的导师；导图的技法与心法不断精进；授课与主持是我终生追逐的梦想；希望我的孩子聪明善良，像个小天使一样。

第四部分：我的座右铭。分为两个分支：一个是思想上的，眼睛和脚印代表的是做人要有前瞻性，要脚踏实地，稳步向前；另一个是行动上的，“LY2.5”代表的是名字刘艳的拼音首字母和我的生日，意思是希望我的每一年在讲课、脑科学、思维导图方面都能够与时俱进！

绘制思维导图的步骤

通用操作步骤：

1.中心图（Central Image）

2.大纲主干（Main Branch）

3.写关键词（Write Keywords）

4.分支内容（Sub Branches）

5.继续完善（Continue）

6.颜色 & 图像 & 连接（Colour& Images & Links）

高级操作步骤：

1.选择重要核心主题（TOPIC）

2.设置逻辑架构大纲（MAIN BRANCH & OUTLINE）

3.撷取分类意涵色彩（COLOUR）

4.拓展相关细节内容（CONTENT）

5.思考资讯节点关联（RELATIONSHIP）

6.添加重点内容插图（IMAGE）

手把手教你画精品导图

记得我的老师东尼·博赞先生曾经说过这样一句话：当你画够

100张精品导图时，你才算真正“入门”了；当你画够1000张精品导图时，你才算真正“会用”了；当你画够5000张精品导图时，你才算真正“领悟”了。要想真正参透其中的奥妙必须善思考、勤练习、多实践。

我们常说，教育是让人从“不知道”变成“知道”，是一种“心法”；训练就是让人从“不会”变成“会”，是一种“技法”。思维导图就是一种学习的心法和技法，若能细细品味，便能意领神会。我们可以把绘制思维导图的能力设为五个等级：不会、会、熟、精、通。

下面和大家分享的就是“由不会到会”这个等级的绘制方法。

◆ “不会到会”的绘制步骤（通用）

1.绘制中心主题，即中心图。

2.绘制各个部分的大纲主干，并添加其相应内容分支。

3.写关键词（边画主干分支边写关键词，二者同步进行）。

第一部分内容：背景。

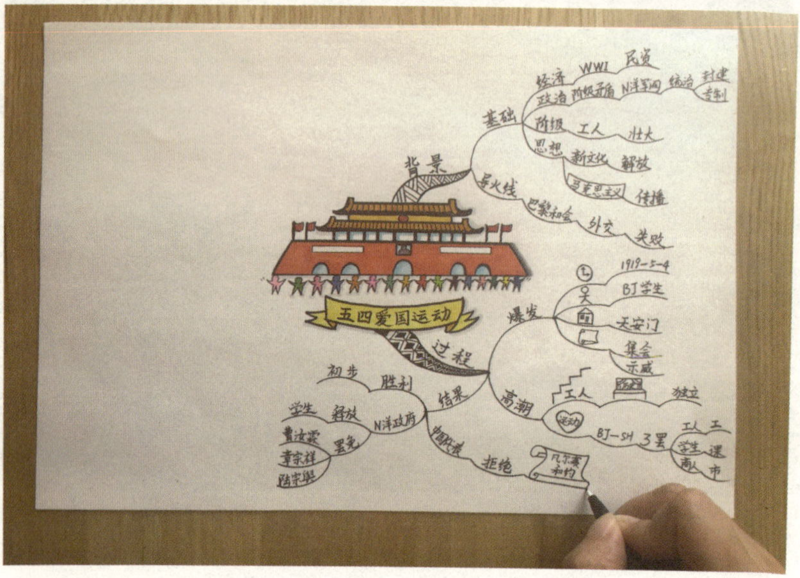

第二部分内容：过程。

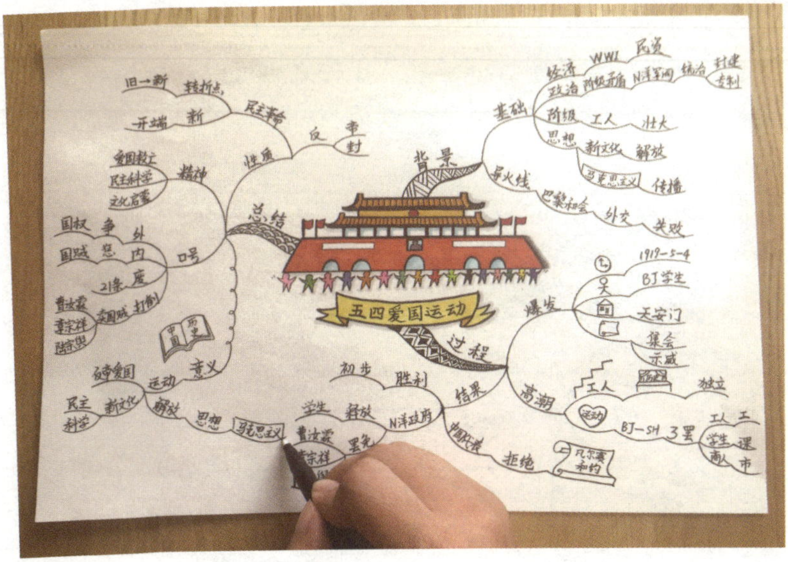

第三部分内容：总结。

4.添加插图、代码、符号，体现“聚焦原则”。

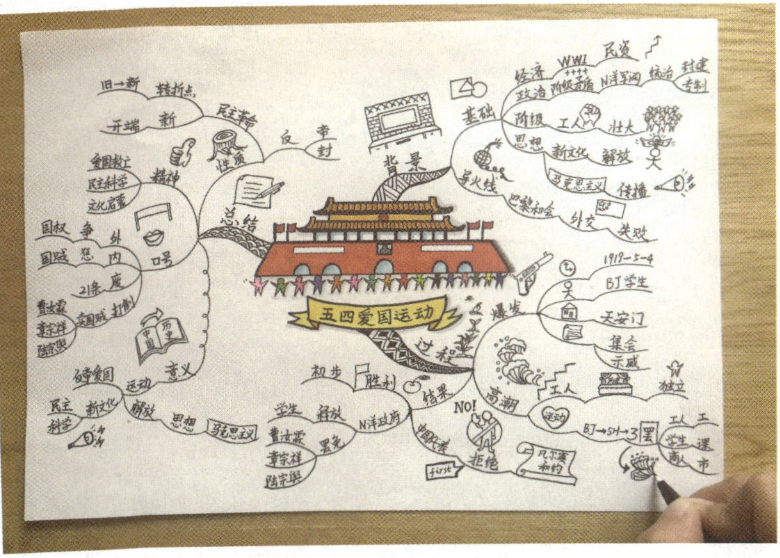

5.涂颜色，一个大类别一种颜色，相邻两大类别运用对比色，能

够帮助大脑在短时间内辨别资讯分类（对于初学者，可以先用黑笔打稿，然后涂色，画够一定数量，能够熟练操作之后可以直接用彩色笔画）。

五四爱国运动导图

◆“由会到熟”的绘制步骤（高级）

1.绘制中心主题（中心图）。

在整个纸张中央的九分之一处，绘制中心图。在这个阶段，你完全可以撇开铅笔与橡皮，直接用黑色水笔勾勒图像，因为数量决定质量，只要勤加练习，每个人都能做到，相信我。勾勒完线稿后，你可以直接上颜色，最好使用三种以上的颜色（红、黄、蓝三原色最佳），呈现出稳重的立体感。

2.绘制第一部分内容：解。思：用心思考；维：多维度，放射性思考；导：信息的输入和输出，输入是对外界多元信息的整理，输出是对大脑内部信息的激发，从而产生新的想法；图：整体上是透过树状结构与网状脉络所构成的思维图谱。

大纲主干，由粗到细的线条，线条内部填充纹理，节约时间；

各级内容分支，建议用弧线绘制，因为弧线能够更好地平衡布局，便于区分关键词与关键词之间的节点；

添加关键词，边画线条，边写关键词，选取的关键词尽量保持在四个字以内，具体关键词的选择方法我会在下面的专题板块分享。

3.绘制第二部分内容。可视化笔记法：思维导图是一种高维度思考与图文并茂形式结合的可视化笔记法。

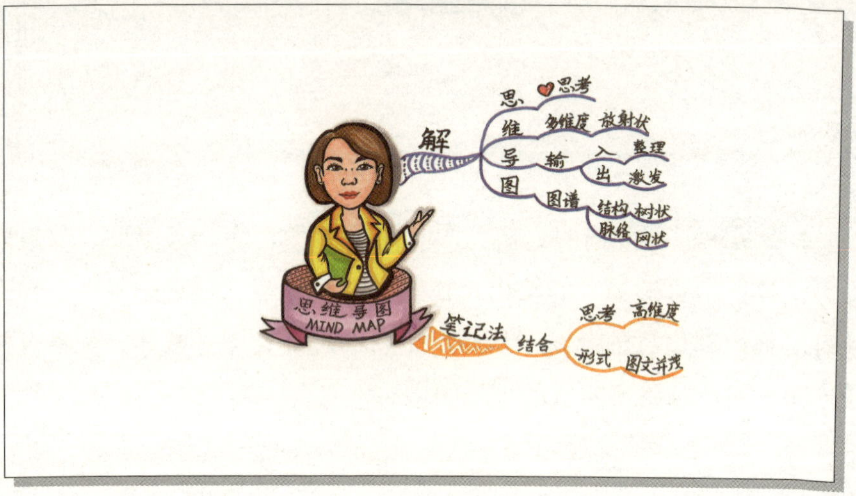

4.绘制第三部分内容。图解思维器：思维导图是一种显示大脑存储能力，提高信息整合效率的图解思维器。

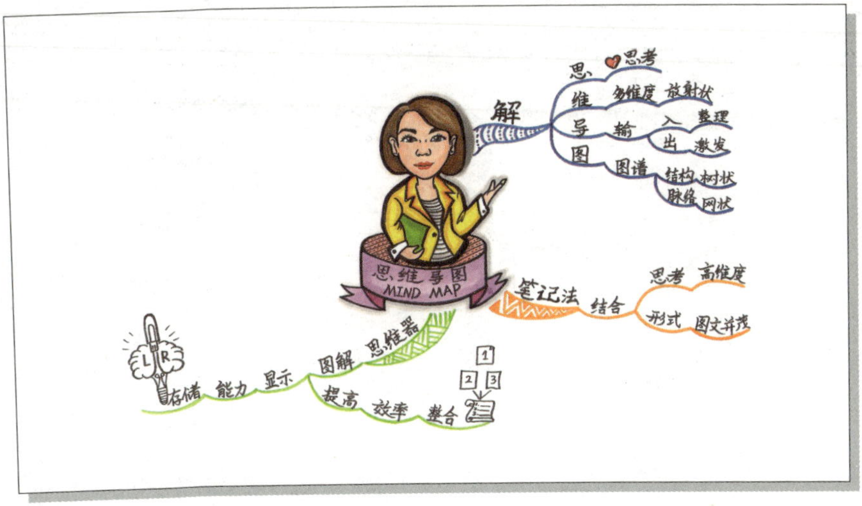

5.绘制第四部分内容。智能节点图：思维导图是一种全面提升记忆力、创造力、逻辑力的智能节点图。

6.绘制第五部分内容。思维导图的六大核心要素，它像一个思维魔方一样，每个要素分别代表魔方的一个面。

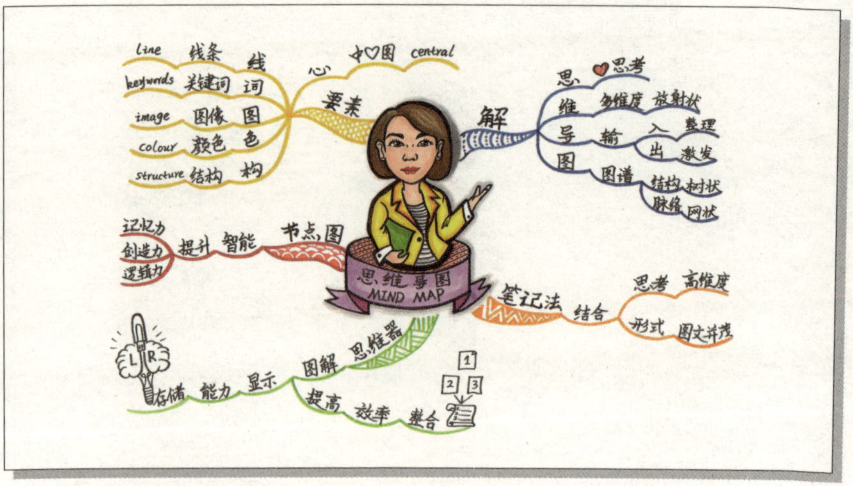

插图，如果该部分的内容你都可以直观地通过关键词理解，就没有必要画插图。

插图的用法：在易忘、抽象、重点的地方使用图像语言。

思维导图概述图

涂颜色，插图颜色尽量区别于其相邻线条的颜色。这样一张思维导图就绘制完成了，随后你可以对其相应内容进行适当补充，使其更加完善。

绘制思维导图的核心法则

◆思维导图的关键要素

思维导图本身由六大关键要素组成，这六大关键要素合起来就相当于一个“魔方”，一共六个面，每个面代表一个要素，分别为：心——中心图；线——线条；词——关键词；图——图像；色——色彩；构——结构。在绘制思维导图的过程中，我们要严格遵守导图绘制的核心法则，充分灵活运用六大关键要素，从而建立有效的思维秩序和逻辑结构。总而言之，绘制导图的核心就是把关键词进行重组，即：排列组合，合并同类项。

1.中心主题（Central Topic）

中心主题，即中心图。它是整幅思维导图的焦点，绘制时最好选取与主题内容相关的在大脑中第一次联想到的图像——第一印象，这样便于直观理解与记忆，印象更为深刻。表现形式可以分为直译、意译、联想。中心图位置的选择，对于初学者来说，可以用叠九宫格的方法，纸张中央的九分之一处就是中心图的位置，对于熟练者，可以用叠对角线的方式，对角线交点四周的区域就是中心图大致的位置。中心图的大小要求，如果整幅思维导图的内容比较多的话，中心图可以略小些，但最小不能小于一元硬币（相对于A4纸来说），如果整幅思维导图的内容比较少的话，中心图可以略大些，但最大不能大于一张信用卡（相对于A4纸来说）。

2.线条（Line）

大纲主干（Main Branch）

主干线条必须与中心图紧密相连，连接处不能断开，因为断开后，我们的相关想法就断开了，主干必须是由粗到细的双线条，类似于有弧度的锥形样式，最后消失于一点上。创作思维导图的第一步就是确定你的基本分类概念（Basic Ordering Ideas）的章节标题，也就是“大纲主干”。

大纲主干线条样式——基本通用样式与简易线条样式：

大纲主干线条样式——“禅绕画式线条”：

大纲主干线条样式——“艺术型线条”，运用图像形式：

【作品解读】

这张思维导图是一张全英文版思维导图。主题是“CREAT ENVIRONMENT（创造环境）”。我们主要看两个大纲主干的线条。一个部分表达的内容是“表象”，在这里用“大象”代替，由象鼻喷出六条水流分支，分别是：眼（视色）、耳（闻声）、鼻（嗅香）、舌（尝味）、身（有所触）、意（所思所念的情怀和记忆、规则制度、共同价值观）。另一个部分表达的是“内核”，用了一棵长满核桃的树代替，进而延展出三根树枝，分别是真（小鸟——坦诚和平等）、善（蜡烛——进步且利他）、美（花朵、蝴蝶、蜗牛——艺术

CREAT ENVIRONMENT创造环境图

与激情）。该幅图中的大纲主干大胆采用艺术型线条，运用图像语言进行表达，而且图中每个关键词都采用了“图像字”，让整个导图看起来更加灵动和艺术化！

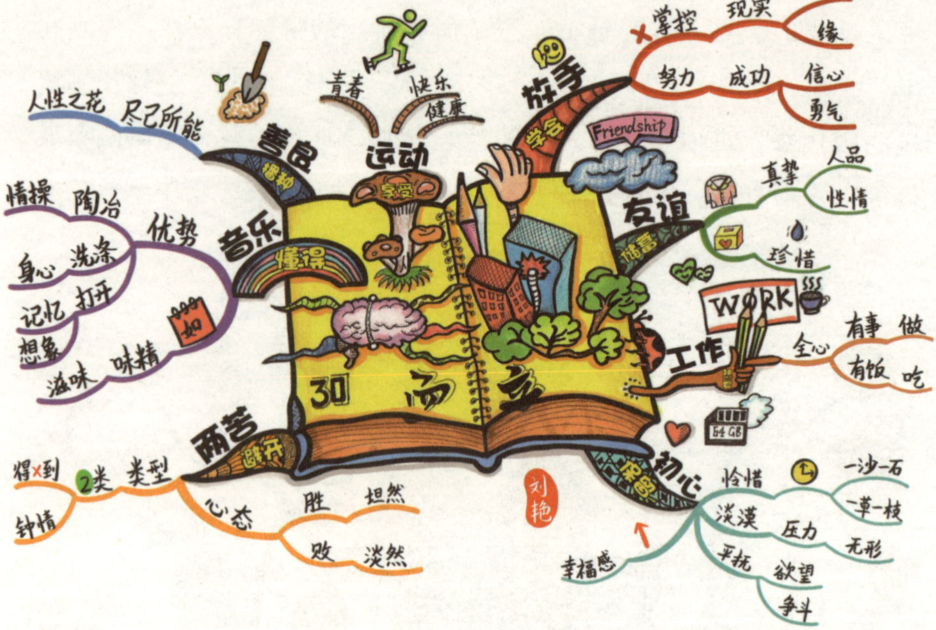

三十而立图

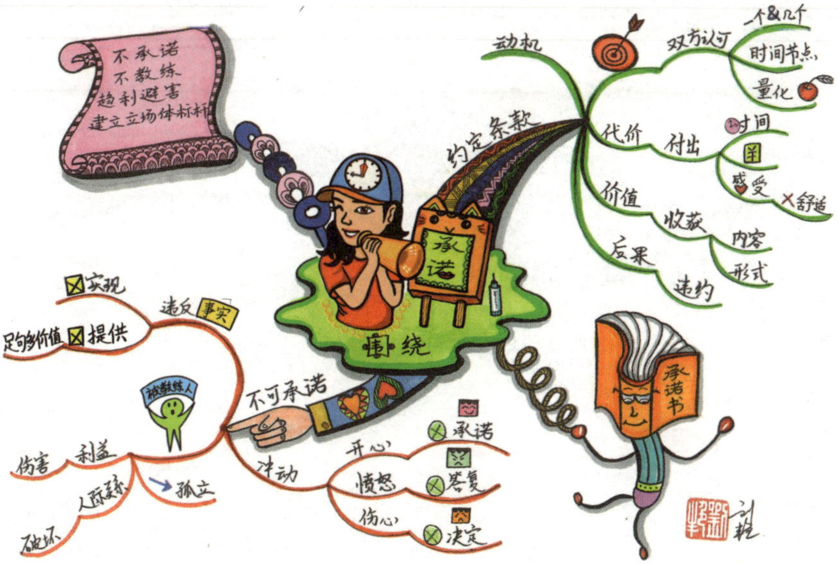

围绕承诺图

内容分支（Sub Branch）

样式 线条要更具生命力，越自然灵动越好。要使用单个弧线（圆上任意两点间的部分叫作圆弧，截取其中一部分即为弧线）。有的时候线条也带有一定的指向性，例如：向上的线条代表积极、优势；向下的线条代表消极、劣势。

内容分支线条样式——水平状弧线，线的走向一定要尽量保持平行，换言之，线条上的关键词一定要让你自己能直观地看到，而不是要把纸的角度旋转120° 才能看清楚自己写了什么！

内容分支绘制图

数量 要求同级分支≤7条，根据美国哈佛大学心理学教授乔治·米勒（George Miller）提出的“神奇数字7±2”（The Magical Number Seven Plus or Minus Two）。米勒教授发现，大多数人只能同时记住不超过7条新信息。所以我们选择同级分支尽量保持在7条以内，超过7条我们就要尝试将其进行归类，因为经过整合后的信息更便于记忆。另外，曼陀罗思考法教会我们思考一个问题，只要能从8种思考角度去观察就已经涵盖了所有的思考角度了。如果主干太多，表明你的归纳能力还有待加强，有些内容还可以合并在一起。有很多人会有这样的困惑，如果是7个并列关系的线条在纸上该如何呈现呢？请看下图，你就明白了。

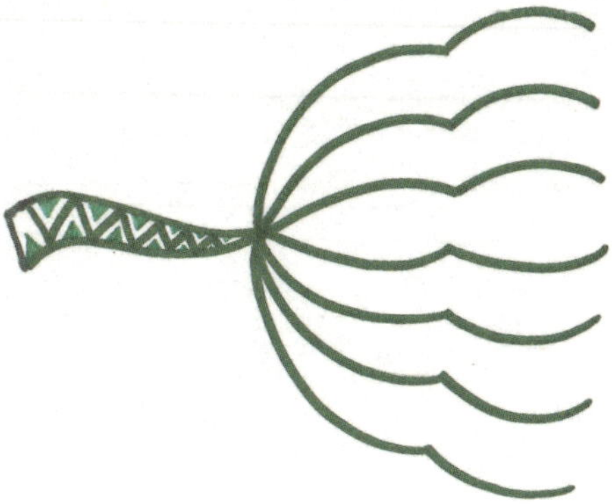

正确画法

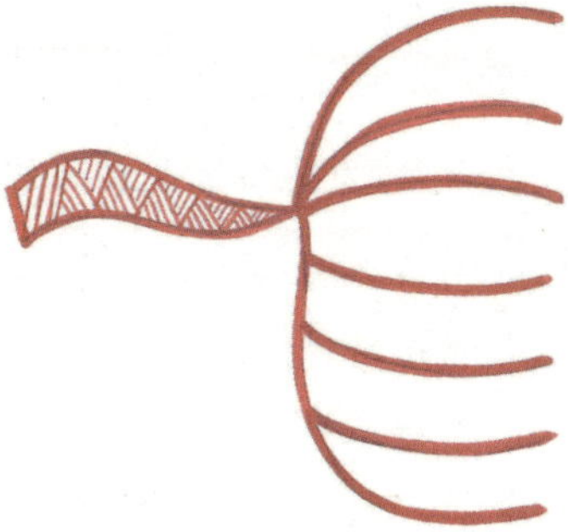

错误画法

正确的画法：所有同级分支线条的起点都始于大纲主干末端的一点。也就是说，线条最好都是从同一点来延展开的。

错误的画法：图中靠下的4个分支是从其中的一个分支延展出来的，这样的话便分不清线条之间的逻辑关系了。

线条层次　相当于递进关系的线条，最好小于5层，便于浓缩要点。

魔力之七

乔治·米勒，美国哈佛大学心理学教授，是以信息处理为基础的认知心理学的先驱，也是因研究短期记忆提出“神秘7±2”理论而闻名的心理学家。“神秘7±2”，当时的心理学家虽然已将信息处理的历程大致区分为感官记忆（sensory memory，2秒以下）、短时记忆（short-term memory，15秒以下）及长时记忆（long-term memory），但短时记忆性质的极为重要性，则是在米勒 1956 年发表研究报告《神奇数字7±2：信息加工容量的极限》之后才被确定的。他的主要观点之一就是信息编码的概念。他认为编码最简单的方式是将输入信息归类，然后加以命名，最后储存的是这个命名而非输入信息本身。在短时记忆内，一般人平均只能记下 7 个项目（如 7 位数字、7 个地名等），一般电话簿上查到电话号码都是7位数字。短时记忆的量虽不能增加，但此 7 个事项的性质则可经由心理运作使之扩大。如 2471530121987 是一长串数字，远超过 7 的限制，但运用“心理运作”将之“意义化”，变成 24（小时）— 7（一星期）— 15（半个月）— 30（一个月）— 12（一年）—1987（年），然后再记这一长串数字就比较容易了。米勒称此种意义单位为“组块”（chunk）。学习英文时由字母到单词，由单词到短句，由短句到长句，都是将零碎信息经“心理运作”变成多个组块之后记下来的。

练一练：

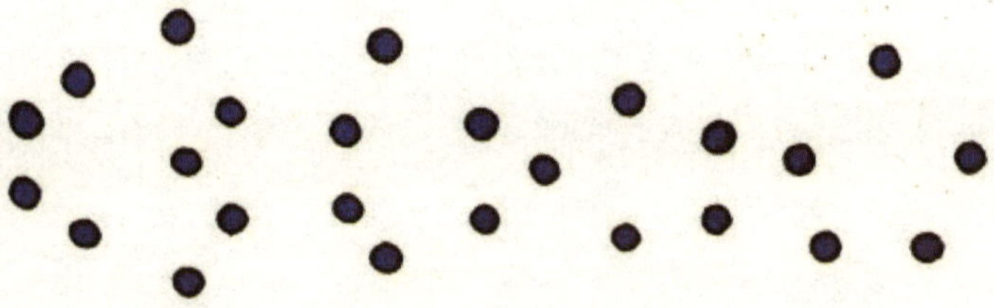

我们来做一个简单的练习，请用两秒钟的时间，数一数大概有多少个点。

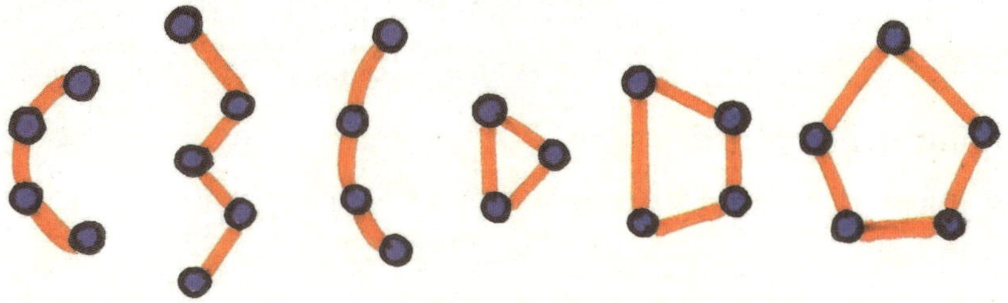

不妨进行同质化分组（归类整合），这样多少个点就一目了然！这就体现了归类的重要性。

3.关键词（Key Words）

选择：一般以“名词”为主，其次是“动词”，辅以必要的形容词、副词、数量词等。选择关键词的依据是：最具概括性和总结性、能够激起你充分回忆的词。可以是原文有的，也可以是自己提炼总结的。关键词就相当于“索引”，它是大脑内部信息提取时的“搜索引擎”！精简关键词的判断标准是：省略它不会影响你对内容的理解；反之，省略它你会对内容产生误解，这样的词就应该保留。所以关键词的精简程度，一定要考虑到使用者对该内容的熟悉度或相关的背景知识，这样选择才更具实效性。关键词一般分为：记忆性关键词（具体）与创意性关键词（抽象）。

数目：“One Word Per Line ”原则上讲是一个线条只写一个关键词，中文关键词最好是保证在4个字以内，可以是一个字，也可以是一个词、一个成语。英文则要求一条线只能承载一个单词，即一线一词。因为单个的词语更具力量和灵活性，让大脑发挥自由联想的能力，而且大脑本身就具备看到一个关键词就能联想起大量内容的能力，关键词就好比手的关节一样，使你的想法更加自由，让资料的整合更具自由度与结构性。如果把思维导图比作一棵大树，关键词就好比是树叶，线条就好比是树枝。线条为关键词的“肉体”提供“骨架”，正所谓：骨肉相连。

在我国，成语是语言中经过长期使用、锤炼而形成的固定短语，它是比词的含义更丰富而语法功能又相当于词的语言单位，而且富有深刻的思想内涵，简短精辟易记易用。成语一共有5万多条，其中96%为四字格式，也有三字、五字、六字、七字以上的成语。如“五十步笑百步”“闭门羹”“莫须有”“欲速则不达”“醉翁之意不在酒”等。但对于一些特殊情况也要学会特殊对待，一些专有名词、科学术语、书本名称、章节段落名称、名言佳句、特定概念等，如果进行提炼就失去了意义，那么可以放在一个线条上，但最好变换一种形式，比如图文框的形式，这样既不会违背思维导图法则，又能将内容意义充分表达出来。

如下图：提供一些可放长文字的“框”，仅供大家参考，这些图需要熟记于心，也可以把它当作中心图来绘制！

图文框模板图

既能保持句子的完整性，又不违反导图法则，让不便拆分的长句子符合思维导图法则的窍门：

1.全图

2.成为图的一部分

3.使用注释

4.半图半文

5.分类分层

【例句】己所不欲，勿施于人！

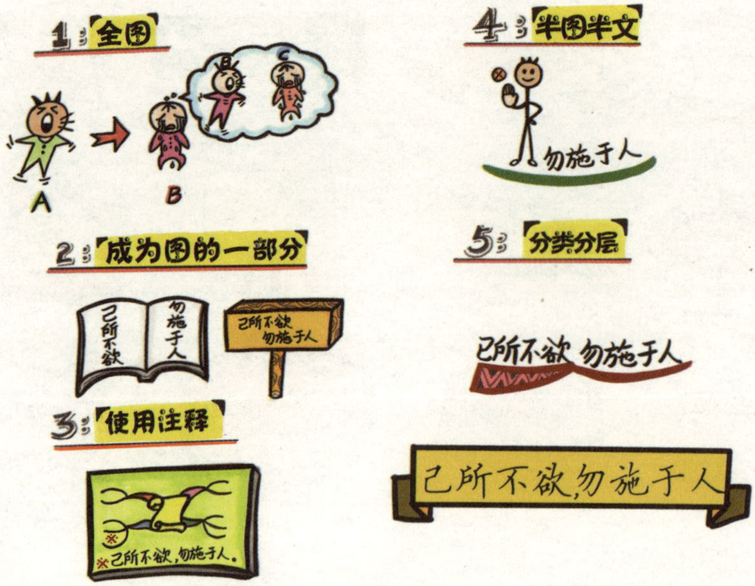

大小：中文方面，主干上的字大，分支上的字略小。英文方面，大纲主干上的关键词要求全部大写，二级分支上首字母大写，余下阶层全部小写。

方向：关键词的书写方向一律是“从左到右”。

关键词的优势：关键词遵循极简原则，信息极简，宁缺毋滥。从语法知识的角度来说，填写关键词的思维导图所呈现出的树状结构，可以帮助我们更清楚地理解所要表达的意思，避免出现歧义。举个例子：图书馆里存放着1500多本画册和小说。请问，画册有1500多本吗？应该有。小说有1500多本吗？可能有，也可能没有，不确定。这句话中“1500多本”可以同时修饰画册和小说，也可能只是形容画册，小说的数量有待进一步确定。但是，我们用思维导图的形式呈现这句话，就可以很清楚地知道这两种书的具体情况。

关键词的应用：关键词最早出现在学术论文的前面，记得我们大学毕业论文的摘要后面，都要写出几个核心关键词，它指的是一篇论文中最重要的词语，便于读者了解论文的基本内容。后来关键词又出现在了网络搜索中，指的是输入搜索框中用以查询信息的文字。近年来，又出现在高考题目当中，主要指能够涵盖语段的核心信息。如今“提取关键词”的题目也是高考语文常考题型之一，属于压缩语段类。一段较长的话，要提取几个词语，这实际上就等于是压缩，是高度压缩。

还有一种情况也运用了关键词，那就是电报。电报是一种最早用电的方式来传送信息的、可靠的即时远距离通信方式。电报信息通过专用的交换线路以电信号的方式发送出去，该信号用编码代替文字和数字，通常使用的编码是莫尔斯编码。民国时期电报的发报月份用“地支”（子、丑、寅、卯、辰、巳、午、未、申、酉、戌、亥）代替，而日期用“韵目”代替。韵目代日是中国历史上的一种电报纪日方法。清政府开通电报之初，因为发送电报非常昂贵，按字论价，“字字是金”，所以节约用字就非常重要。为此发明了一种新的纪日办法，用地支代替月份，用韵目代替日期。这种方法在电报领域一直沿用到中华人民共和国成立初期，前后使用了70余年。在其他领域也有使用，甚至有些人的日记都是以韵目代日的。

关键词其实是“能看见的词语”。例如：固有名词，表示特定人物、地点、事件、时期等的名词；数词，用数字表示时间、年份、人数等；动词，表示动作的词语，关键在于眼前能否浮现出做动作时的画面。要求容易理解，准确传达，避免模糊含蓄表达。

提取关键词的窍门：

分层寻找法：一段文字有时是由几层意思构成的，而一些关键词往往就潜藏在这几层意思中，所以分层进行寻找，是一种比较实用的方法。

例如：下面是一篇科技论文的摘要，根据其信息内容提取4个关键词。（2009年四川卷）

本文针对直接法和二步法合成聚乳酸的共性，从单体纯度、催化剂选择到共沸脱水、微波辅助、超临界流体介质，以及到固相聚合、反应挤出、扩链等各个方面，对近年来聚乳酸合成研究的新进展进行了综述，指出各种新方法、新技术的复合应用是提高聚乳酸分子量、降低其成本的关键。

【解析】通读这段文字，你很快就会发现它完全可以分成两层：（1）本文……进行了综述；（2）指出……关键。第一层次，句子的主干是：本文进行了“综述”。“综述”了什么？答案是：聚乳酸合成研究的新进展。第二层次，句子的主干是：指出了“关键”。这“关键”就是：各种新方法、新技术的复合应用。这样思考以后，关键词基本上就呼之欲出了：聚乳酸、合成研究、新进展、复合应用。

聚乳酸	合成研究	新进展	复合应用

巧抓要素法：在一个语段中，有时表明时间、地名、人称、物称的词语往往就是关键词之一。

例如：请从下面论文简介中提取3个反映其主要信息的关键词语。（2009年天津卷）

这篇文章对中国文明进程中具有重要意义的“士”在先秦时期的演进做了全景式的追寻，有助于人们对“士”的缘起及早期衍变形成一个完整而清晰的印象。

【解析】这段文字中哪个词表示时间呢？很显然是“先秦”；哪个词表示人称呢？当然是“士”。这样就找到了两个关键词，还剩一个，再用其他方法去找，也很快可以找到是“演进”。这样，答案就出来了。

先秦	士	演进

寻觅中心句法：有的语段有比较明显的中心句，这个中心句，或是总结上文，或是开启下文。找到它，就一定能提取到关键词。

例如：提取下面一段话的主要信息，写出四个关键词语。（2006

年广东卷）

从甲骨文到草书、行书的各种书法艺术，间接地反映了现实某些方面的属性，将具体的形式集中概括为抽象的意象，通过视觉来启发人们的想象力，调动人们的情感，使人们从意象中体味到其间所蕴含的美。这也就是一些讲书法的文章里常说的“舍貌取神”——舍弃客观事物的具体现象特征，而摄取其神髓。

【解析】一读就能很快地发现，这段话的中心句是最后一句，其核心是“舍貌取神”。而“貌”“取”“神”又分别所指的是3个关键词——“意象”“体味”“神髓”。这样就找到了3个，还剩一个，再用话题法去寻找，即可找到是“书法”了。

意象	体味	神髓	书法

抓取重复词法：一个语段中，有些词语会多次出现、反复出现，而这多次出现、反复出现的词语，往往就是这个语段的关键词语之一。

例如：阅读下面文字材料，提取3个关键词。（2008年高考福建卷）

美国卡地夫大学的科学家近日起程，前往调查大西洋深处地壳失踪之谜。通常情况下，地幔由数公里厚的地壳所覆盖，但科学家发现，大西洋中部有数千平方公里位置内的地壳似大面积失踪，地幔直接暴露在水下3000米左右的海底。卡地夫大学地球、海洋与行星科学学院的海洋地质学家克里斯认为，这有如发现了地球表面的伤口。他表示，该处虽不是地壳失踪的唯一之处，但可能是最有意义的一处。

一般来说，当板块断裂后，地幔将涌出，形成岩浆。而这种通常的情况没有发生，说明一定存在某种原因。科学家希望了解该处的地壳是否从来就不存在，还是因为发生大规模地层断裂所致。如果事实果真如此，科学家希望搞清楚，这种现象是怎么形成的以及为什么会形成这种现象。为了回答这些问题，克里斯将参加由特勒姆大学海洋地球物理系教授罗杰·塞尔所领导的研究小组，乘坐库克号科学考察船，前往佛得角群岛和加勒比之间的区域进行考察。科学家将利用声呐的技术形成海底声呐图像，并利用海下机器人钻取岩心样本。科学家认为，这次考察将为深入研究和了解地幔提供一个难得的机会，并可能加深对板块的构造的理解。

【解析】读这段文字，有几个词语是反复地、多次地出现，如“地壳”“考察（调查）”“失踪”，找到了这几个词语，答案就自然有了。这种题目说难也难，说容易也容易。

地壳	考察	失踪

寻找主话题法：任何一个语段，都是围绕着一个主话题来展开的，只要我们找到那些体现主话题的词语，就找到了其关键词。

例如：提取下面一段话的主要信息，写出4个关键词。（2005年高考全国卷Ⅰ）

据报道，我国国家图书馆浩瀚的馆藏古籍中，仅1.6万卷“敦煌遗书”就有5000余米长卷需要修复，而国图从事古籍修复的专业人员不过10人；各地图书馆、博物馆收藏的古籍文献共计3000万册，残损情况也相当严重，亟待抢救性修复，但全国的古籍修复人才总共还不足百人。以这样少的人数去完成如此浩大的修复工程，即使夜以继日地工作也需要近千年。

【解析】很显然，这个语段的话题是古籍修复的处境问题，所以，“古籍”“修复”这两个词就是我们在答题时首先要考虑的。文段中通过一系列的数据告诉我们古籍修复的处境不妙，具体表现是事多人少，这样，我们就又可找出另外两个关键词——“人才”“不足”。

古籍	修复	人才	不足

4.图像（Image）

位置：添加图像要遵循聚焦原则。不能会画哪个就画哪个，而是要在重要的、难理解的、抽象的、易忘的地方出现图像。通常画在线条上，或画在所要表达的关键词旁边。

插图：是指插在关键词中间用以说明其内容的图画。插图，在拉丁文的字义里，原是“照亮”的意思。通常我们绘制的插图为简笔插图，就是运用最简单的线条与平面图形概括地勾勒出物象的主要特征，其特点是简练、实用、易画、形象、生动、高效、达意。

曾经听到过这样一个有关电报的笑话：妻子给远方的丈夫寄了一条被子。不久，丈夫发来电报，只有三个字：“由、甲、申。”妻子看不懂，就拿电报问当老师的邻居。邻居笑道：“电报上讲，你丈夫盖被子，盖住脚就盖不住脑袋（由），盖住脑袋就盖不住脚（甲），盖住身子，脑袋和脚都盖不住了（申）。”这则小笑话告诉我们，关键字和关键图可以很直观、很形象地代表深层的意涵。

例如，纳西东巴象形文字，是一种如图如画的文字，被纳西人称为“森究鲁究”，其意为“木石上的痕迹”，引申为见木画木，见石画石，被海内外誉为“当今世界上唯一活着的象形文字”。这是纳西族先民在1000多年前，以观天地日月、山川鸟兽的物象造型，又以组合、变体、形声和转换等方式创制出来的原始文字。这种象形字，没有学过东巴文字的人也可以理解大意，可谓“形象生动，简明达意”。

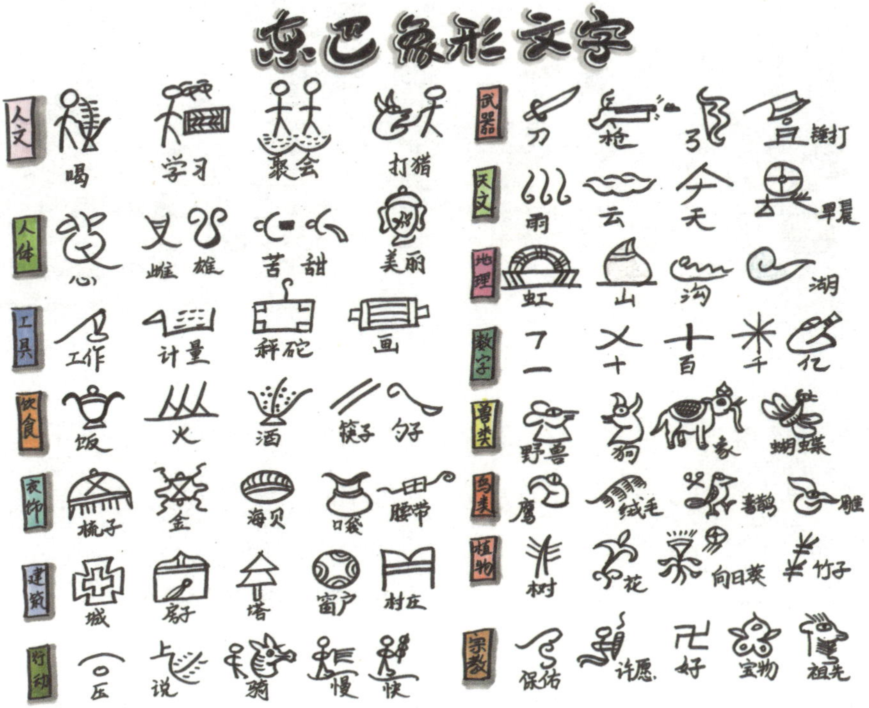

东巴象形文字图

代码——用简单的图形代表相应。这些代码要能迅速让你联想到原始的知识，因为我们记住的是视觉图像，而不是抽象信息本身。

符号——来源于规定或者约定俗成的记号或标记。

代码&符号图

象征意义：在重要的关键词处添加图像，必须能代表或让人联想到重点内容的意涵，这样做有助于激发创意，更能强化对内容的记忆效果。东尼·博赞先生曾经说过："Mind Maps prove that one picture is worth vastly more than a thousand words!" 一图胜过千言万语，一图值千字！在一次实验中，科学家以每秒钟一幅的频率向600人展示图像，展示完毕并开始测试精准回忆时，全组中有98%的人可以进行精准的回忆。我们会发现单纯记忆图像比记忆词语容易很多，这是因为在思维导图中，核心的关键想法被图像取代，从而加深对想法的印象，便于深刻记忆。图像语言被称为视觉激发器，关键词是记忆触发器，二者结合效果更佳，从而建立全景思维，通过图像信息探索复杂信息之间的联系与结构！

图像不仅是强大的信息传递工具，还是语言的图形化补充，能够吸引众人眼球，使信息的传递更为顺畅。善于使用图像可以解决以下问题：文字说明空间不足、没有时间做详细说明、语言不通。例如：使用说明书。单纯的文字说明无法给人留下深刻的印象，无法给人带来说明感，无法进行井井有条的说明，那么辅助图像语言，就可以直观说明。

简略信息：想要对某事物进行说明的时候，语言和文字是比较方便的手段。但根据具体内容，语言和文字有可能过于说明性，或者叙述起来过于冗长。在这种用语言表达不会很顺畅的时候，运用图像语言，可以使信息的整理达到新的高度。例如：我在一家煎饼店吃煎饼，因为非常美味，便向老板询问这种煎饼的制作方法，老板说了一大堆，我也听得一知半解，旁边的店员向我指了指墙上画的这幅图，我看到后瞬间豁然开朗。这幅图直观呈现出“关键图”和“关键词”，可谓一目了然！

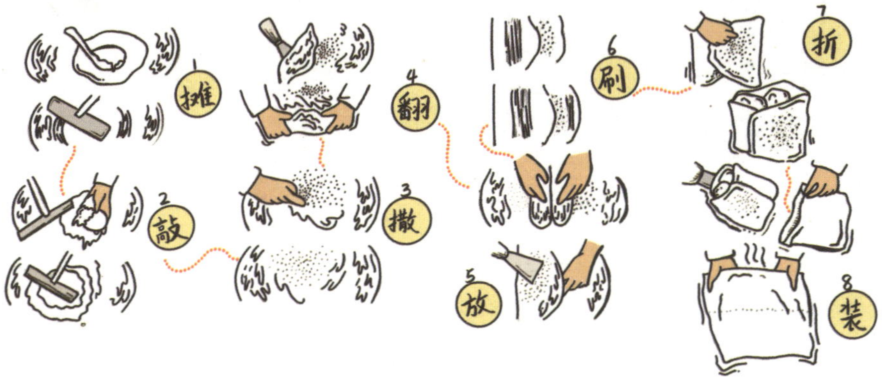

煎饼果子制作流程图

1摊—2敲—3撒—4翻—5放—6刷—7折—8装

图像字——指的是图像和文字融为一体，成为一个说明元素，更能直观表达相应意涵。

图像字图

形象词是容易出图的，所以遇到抽象词时，要先学会把它变为形象词，然后配以相关图像说明。

☆**抽象词变为形象词有以下5种常用的转换方法：**

方法一：谐音法。用与抽象词读音相同或相近的形象词来替代抽象词。通过抽象词的读音找到与其相同或相近的形象词。

例如：

影响——音响

简单——煎蛋

支持——直尺

方法二：替换法。有些抽象词是对许多形象词共有特征的概述，所以可以从相关形象词中选择一种来代替该抽象词，通过对相应抽象词的理解，用相关的，有代表性的事物、动作来代替，或者用能直接联想到的某个情景画面来代替。要特别注意转化之后还需要容易还原回去。

例如：

时间——手表、闹钟

思想——大脑、灯泡

寒冷——雪花、企鹅

传统文化——毛笔、中国结

方法三：倒字法。

例如：

前提——提钱

精神——深井

雪白——白雪

方法四：增减字法。

例如：

信用——信用卡

说明——说明书

方法五：顾名思义法（望文生义）。

例如：

结果——结出的果实（苹果）

【案例分享】

王子为

王子：王冠（替换）

为：围巾（谐音）

陈虹宇

陈：城（谐音）

虹：彩虹（增减字）

宇：宇宙（增减字）

任鸿宇

任：人（谐音）

鸿：鸿鹄（增减字）

宇：宇宙（增减字）

☆**图像创意思维**

在思维导图的绘制思考过程中，最基本的图像创意思维大致可以分为借代、隐喻、夸张、拟人四种。

巧用“借代”手法

“借代”一词，来源于文学的一种修辞手法，简言之，就是借用一个物象代替另一个物象，而在思维导图的信息可视化创意中，我们所说的“借代”，更多的是指利用图元素代替文字信息。

戴着“官帽”的铅笔和卷轴代表“议论文写作”，表示客观公正。

用“话筒”代表“新闻访谈”。

学会“隐喻”技巧

思维导图中的“隐喻”技巧，就是利用某种物象元素或特殊的编排效果，来暗示出某种理念或关系。

用人物特征和排列顺序表明其关系，侦探、祖父、祖母、先生、女士。可以很直观地看出先生和女士是主角，其他是配角。

尝试适当的夸张

“夸张”一词，同样来源于文学修辞手法，简单来说，就是对某事物的形象、特征、作用、程度等，有意做出夸大或缩小的处理。在思维导图的信息可视化创意中，使用夸张的手法，通常是出于两个目的：一是通过“夸张”的形象设计，来抓住观察者的注意力；二是通过“夸张”的对比处理，突出某事物的特征。从视觉表现力方面来讲，运用这种方法便可以先声夺人。

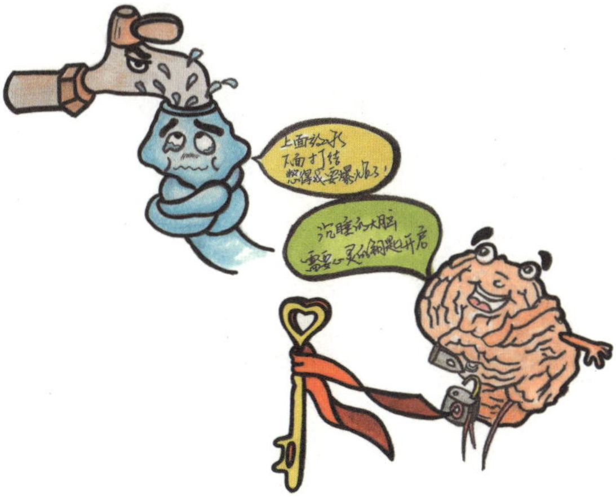

“上面放水，下面打结，憋得我要爆炸了！”夸张的表现手法表明水流需要变通，需要自由流动；“沉睡的大脑，需要心灵的钥匙开启！”夸张的手法表现出大脑急切需要被唤醒、被解放。

活用拟人手法

在各类文学作品中，我们可以看到作者运用各式各样的拟人手法来修饰作品，简言之，就是让不具备人物特征的事物具备人物的某些特征，而在思维导图的信息可视化创意中，我们可以添加五官、表情、肢体、服装，让某些物象元素拥有人格化的特征，从而让整幅导图焕发出一股新的视觉生命。

三种瓜：冬瓜、西瓜、南瓜在打麻将，讨论事情，通过加入肢体动作使其具有人格化的特征。

智能电话加入了五官、表情、肢体动作特征，正在开心地打篮球。

这是一个读图的时代，枯燥乏味的文字信息已经让人们在一定程度上产生了阅读障碍，然而随着思维导图这种可视化思维技术的普及，这种困局将会被打破，它将使人们能够更加有趣、更加轻松、更加高效地获取各种信息。

5.**色彩**（Colour）

中心图颜色：要求三种颜色以上，最好使用美术色彩三原色红、黄、蓝。

线条颜色：一个信息类别一种颜色，大类线条与大类线条之间要用颜色来区分，最好使用对比色（红与绿、蓝与橙、黄与紫），这里的黄色，建议用深黄色便于区分，尽量避免使用浅黄色！

关键词颜色：一种是和所承载的线条同色，另一种是全部黑色。第一种形式的好处是节省时间，提高效率，便于更好区分资讯信息。第二种形式的好处是整体结构内容更加醒目，便于产生新的想法。

插图颜色：尽量使用“跳色”，要与所在线条、关键词颜色有所区分，不能与线条同色，从而达到激发创意、增进记忆效果的目的。

使用色彩的优势：

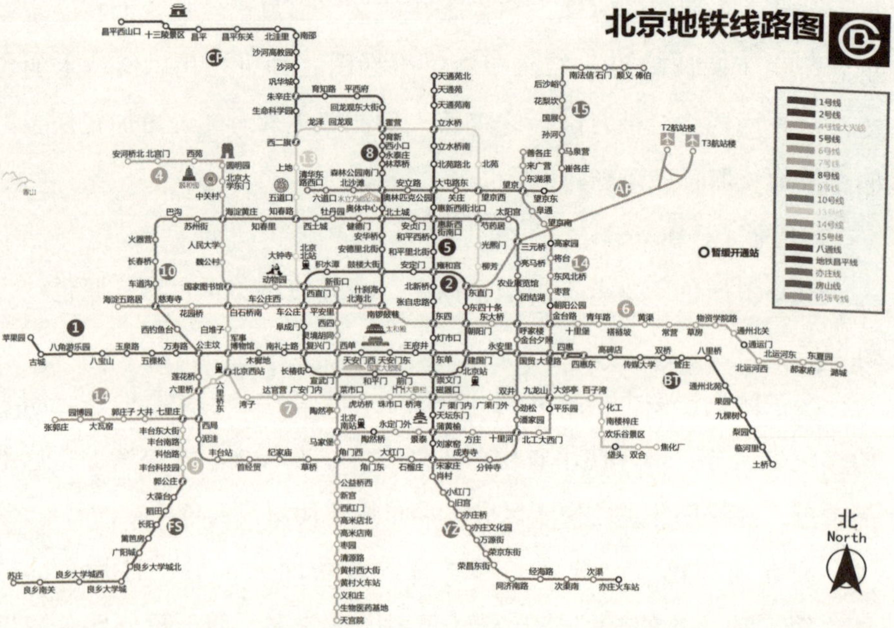

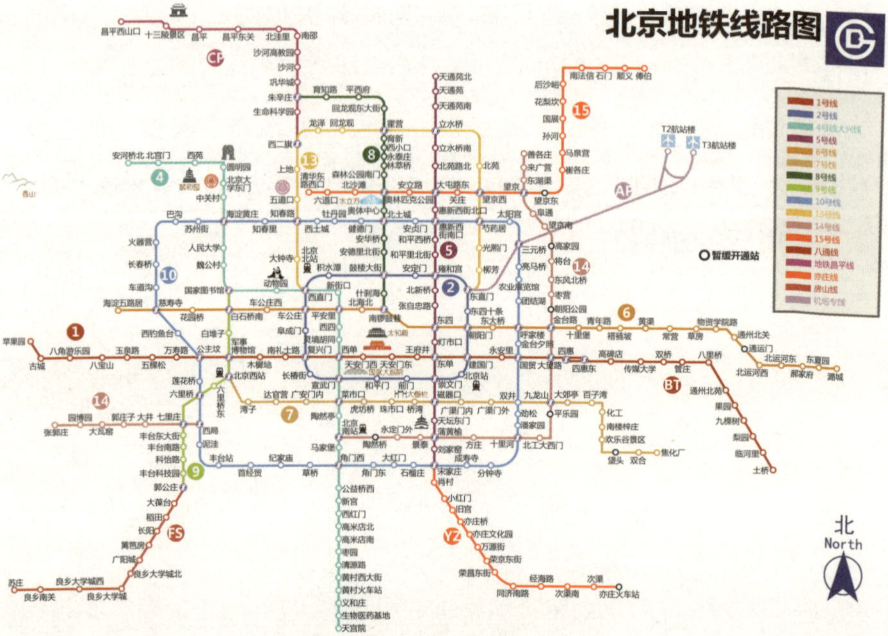

北京地铁线路图（2016年）

北京地铁线路图，一张是黑白的，一张是彩色的，我们可以分别在两张图中做个实验：快速找出7号线、14号线、15号线，看一看是在黑白图上找得快，还是彩色图上找得快。很显然是彩色的，因为彩色版本的每条线路都采用不同颜色进行区分，就像我们思维导图线条的要求一样，一个大类别一种颜色，色彩可以帮助我们缩短对资讯的搜索，便于我们区分资讯群，为回忆提供线索。

色彩要素：

色彩是人通过眼、脑和生活经验所产生的一种对光的视觉效应。人对颜色的感觉不仅仅由光的物理性质决定，比如，人类对颜色的感觉往往受到周围颜色的影响，有时人们也将物质产生不同颜色的物理特性直接称为颜色。色彩中通常以红、绿、蓝作为光的三基色，以红、黄、蓝作为颜料的三原色。

色彩是赋予思维导图灵魂的关键所在，一种好的配色，不仅能赋予思维导图较佳的美感，而且还可以更好地表达其内涵和本质，从某种角度上来看，色彩是会“说话”的。

色彩性格分析：从色彩的色系出发，简单介绍下各个色系的主要特征，相信对我们今后思维导图的配色会有很大帮助。思维导图线条颜色的选择一般选取红色和绿色、橙色和蓝色、黄色和紫色，这三组对比色。

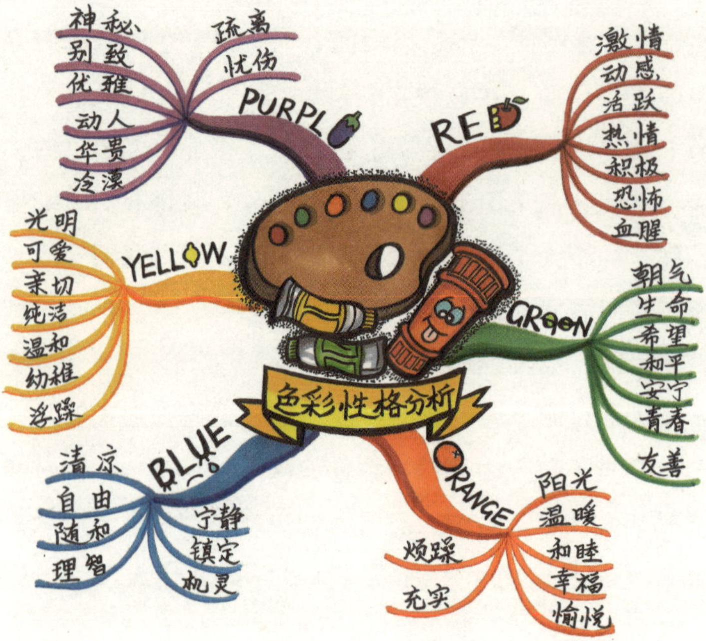

色彩性格分析图

无彩色系：

白色：纯洁、无瑕、平和、纯净、高洁、朴素、干净、轻飘

灰色：缓和、谦逊、朦胧、沉闷、平庸

黑色：沉稳、庄重、高雅、沉寂、庄严、肃穆、邪恶、悲痛

还原物象本色：在思维导图配色中，最常用的一种配色方式，就是还原物象本色。这种配色方式，仅适合在自然界中存在、有参考对象的物象元素。

不同关系下的色彩搭配：在这里介绍一种用于观察色彩关系的工具——色相环，简言之，它是一种用于展现色相秩序的环状结构，在这里我们以二十四色相环为例。

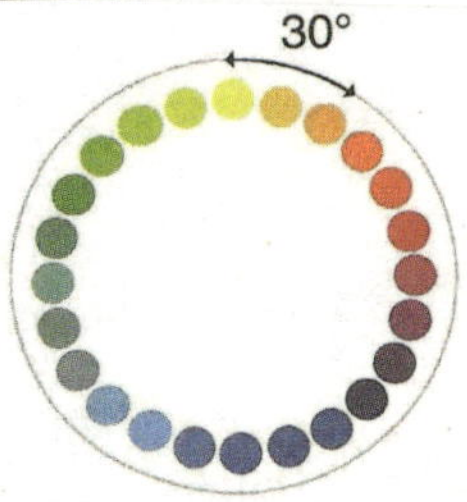

类似色相配色——亲密关系

一般将在色相环上相差在30°左右的配色，称作类似色相配色。

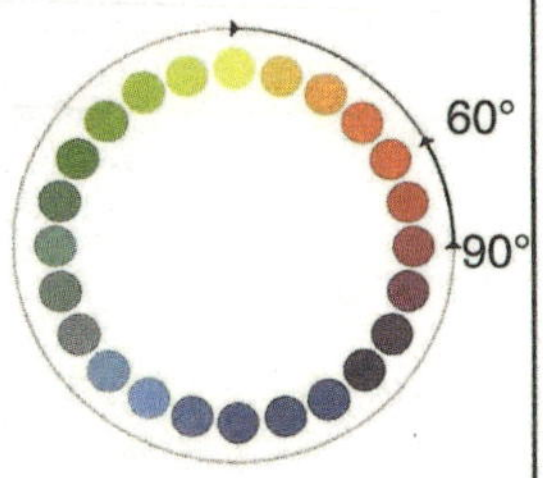

邻近色相配色——友好关系

当配色在色相环上的差距保持在60°到90°时，就将其称作邻近色相配色。

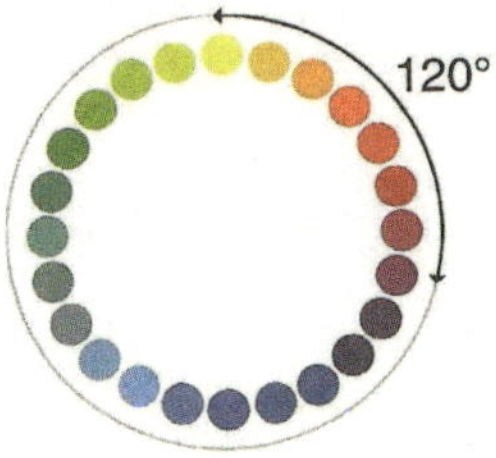

对比色相配色——独立关系

当配色在色相环上的差距保持在120°左右时，我们就将其称作对比色相配色。

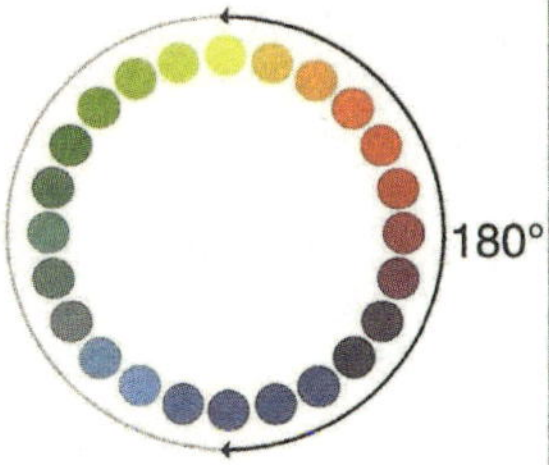

互补色相配色——对立关系

当配色在色相环上的差距维持在180°左右时，我们就将其称作互补色相配色。

从受众的角度挑选配色：就是用符合受众喜好的配色来赢得受众好感。

不同主题下的导图配色：紧扣主题，挑选配色。例如：国庆节主题可以用红色和黄色系，春游主题可以采用绿色和粉红色系，高峰论坛可以采用深蓝色调，等等。

6.结构（Structure）

大脑神经元细胞核的结构形式整体上是呈放射状的。每个神经元都包含着一个巨大的电化复合体和功能强大的微数据处理及传递系统。脑细胞许许多多的枝干叫树突，是用来接收信息的，那根特别大且长的分支叫轴突，它是信息的主要出口，是用来传递信息的。思维导图正是模仿了大脑神经元细胞放射状的结构形式，反映了我们大脑思考的真实情景。它的魅力在于，从中心主题展开树状的结构与网状的脉络，一个阶层的分支向外延展，形成下一阶层的分支，这与我们的思考过程是相辅相成的。

放射性思考（Radiant Thinking）

（1）树状结构

逻辑：分类关系

因果关系

用途：归纳、整合

总分关系

并列关系

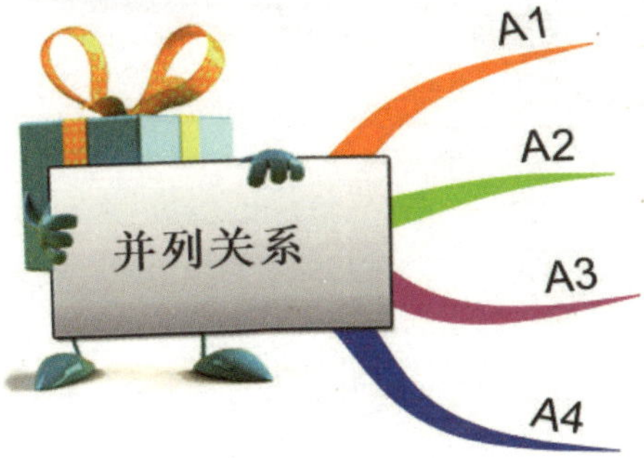

递进关系

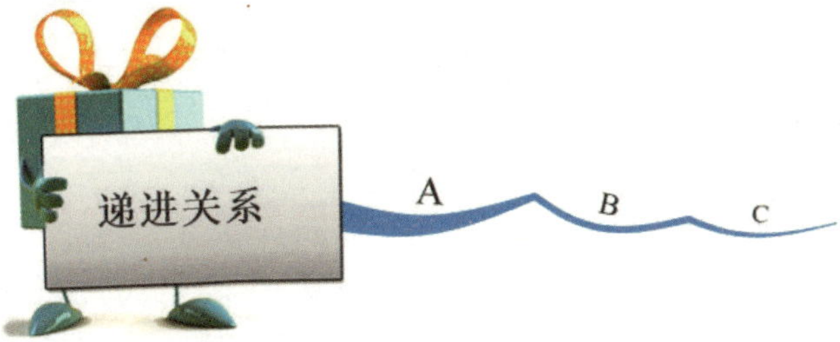

因果关系

一般应用在问题分析上，上一阶层代表问题，本阶层代表的是造成该问题的原因，下一阶层是各种解决的方案，再下一阶层是该方案所涉及的具体做法（行动步骤）。

（问题—原因—对策—做法）

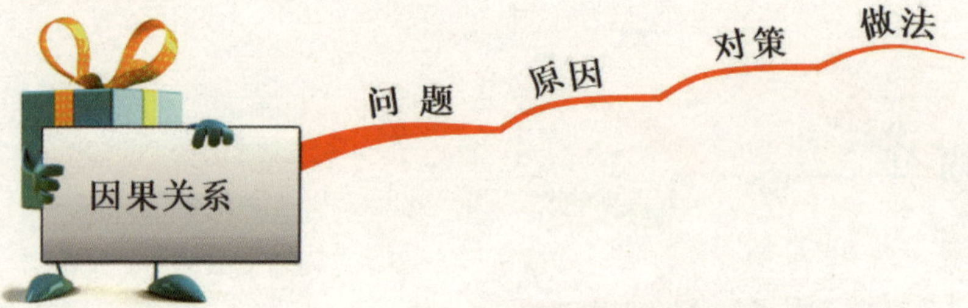

非逻辑：联想

对比：休息——工作，家长——孩子，富翁——乞丐

接近：太阳——月亮，电脑——鼠标，打针——吃药

相似：大脑——核桃，豆芽——蝌蚪，耳环——灯笼

举例：思维导图

对比——线性笔记

接近——概念图

相似——神经元、太阳、蜘蛛网、大树、八爪鱼、摩天轮

用途：创意、联想

（2）网状脉络

连接（Link）

如果图中内容有一定的联系，可以有三种形式：

第一种：箭头，它是用来显示思维导图中不同概念的关联方式（单双），箭头可以自动地引导你的视线，把思维导图中的一个部分与另一个部分连接起来，可以是单向的，也可是双向或多向的，大小、形式、维度都可以变化，它们可以给你的思想带来一种空间指导；

第二种：相同图标（符号&代码），可以节省时间与空间；

第三种：相同色块，这样的方式可以让我们直观看到大脑连接与创造的全过程，从而形成一个和谐统一的思想结构。

作用：指明相关资讯的因果关系和相同之处。

思维导图法则图

思维导图的高效绘制工具

一幅完美实用的思维导图作品需要工具及载体来表现，下面就让我们来共同了解一下绘制高效思维导图的一些常用基本工具。

思维导图绘制工具全貌

纸张：要求空白的纸，可以是白色的，也可以是淡色的彩纸。一般选择A4或A3大小为宜。

笔：思维导图笔的种类繁多，每种笔都有不同的用途。要特别注意彩色笔、马克笔、精细线条笔、彩色铅笔，一定要包含红、绿、橙、蓝、黄、紫六个颜色。

彩色笔

主要用途：用于大纲主干和内容分支的绘制。

马克笔

主要用途：用于绘制主干线条和图像。

精细线条笔

主要用途：用于绘制内容分支线条及书写关键词，尤其是在绘制线条与关键词同色系时最为实用。

彩色铅笔

主要用途：用于绘制插图、代码、符号，以及思维导图整体画面色调的补充调整。

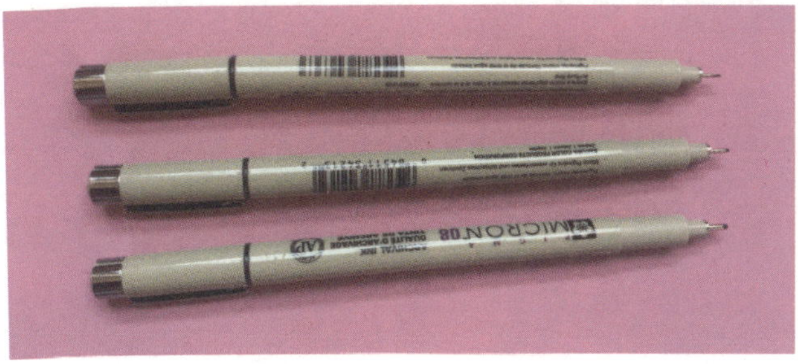

针管笔

主要用途：用于图像局部细节的勾勒，这种笔最大的特点是颜色不会轻易晕染。

黑色签字笔

主要用途：用于书写关键词。

钢笔

主要用途：用于素色导图笔记的绘制。

描边毛笔

主要用途：用于勾勒图像与大纲主干线条的外部轮廓。

多色圆珠笔

主要用途：用于外出不便携带绘图工具时，一支多色笔可用于做听记导图。

暗影笔

主要用途：用于描绘中心图及大纲主干图像的暗影，从而增强立体视觉效果。

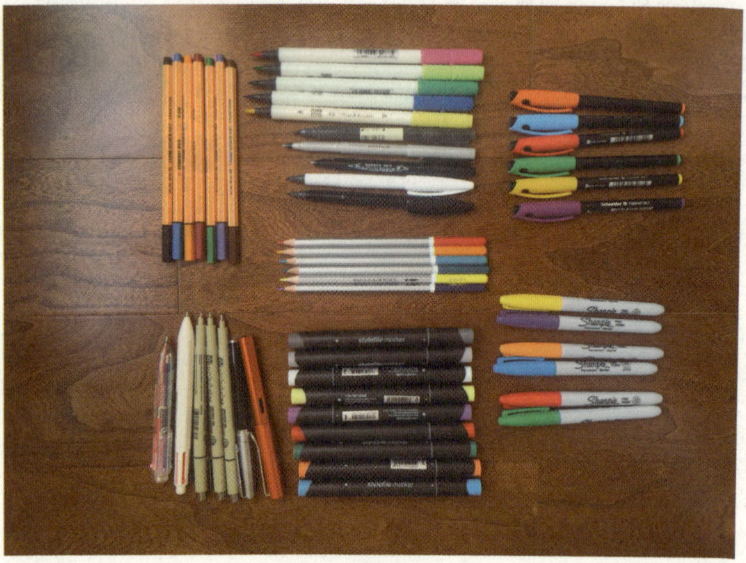

思维导图笔全貌

思维导图印章

印章

主要用途：用于作品的签名留念，更具收藏价值。

思维导图的绘制类别

一张思维导图，在内容的呈现方式上一般有四种形式：1.全图版；2.全文字版；3.图文并茂版（文字为主，图像为辅）；4.3D魔幻立体版。

1.全图版：由线条和图像组成的思维导图，这种形式吸睛指数最高，很容易与他人产生互动。应用时最好有人参照思维导图进行解说，便于准确解读。

能量图

五个图形主干分别代表：

金——敲打（锤子）；土——保护（手套）；火——快乐（可口可乐瓶）；水——包容（书包）；木——支撑（脚和手）。这幅图最大的亮点就是应用了“图像字”。

2.全文字版：这种形式由关键词和线条组成，适用于内容需要精准表达时，无须有人解说的情况。这种形式可以节省时间，提高效率，尤其是在做会议记录、课程随堂笔记时极为方便。

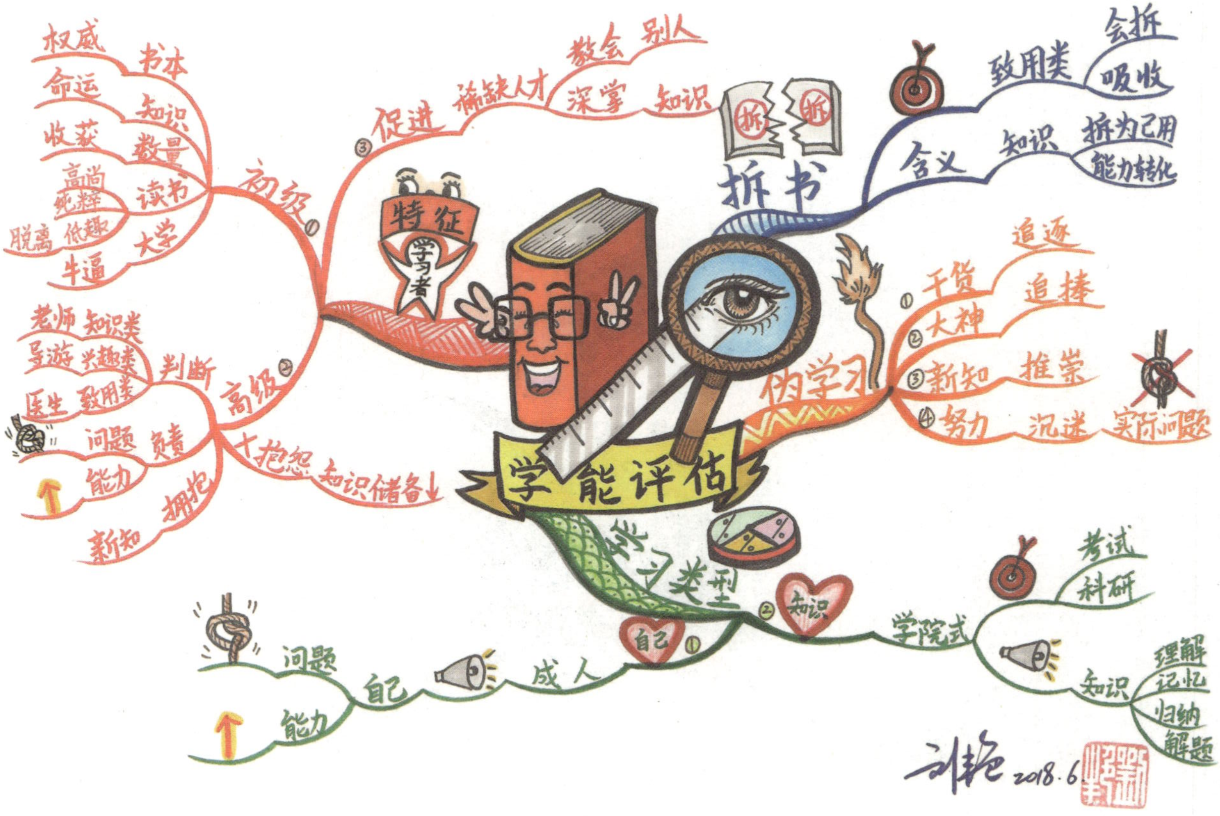
学能评估
初级
权威
书本
命运
知识
收获
数量
高尚
纯粹
读书
脱离
低趣
大学
牛逼
促进
稀缺人才
教会
别人
深掌
知识
特征
学习者
高级
判断
老师
知识类
导游
兴趣类
医生
致用类
问题
负责
能力
拥抱
新知
十抱怨
知识储备↓
拆书
含义
致用类
会拆
吸收
知识
拆为己用
能力转化
伪学习
干货
追逐
大神
追捧
新知
推崇
努力
沉迷
实际问题
学习类型
自己
成人
自己
问题
能力
知识
学院式
考试
科研
知识
理解
记忆
归纳
解题
2018.6.

学能评估讲座 随堂笔记

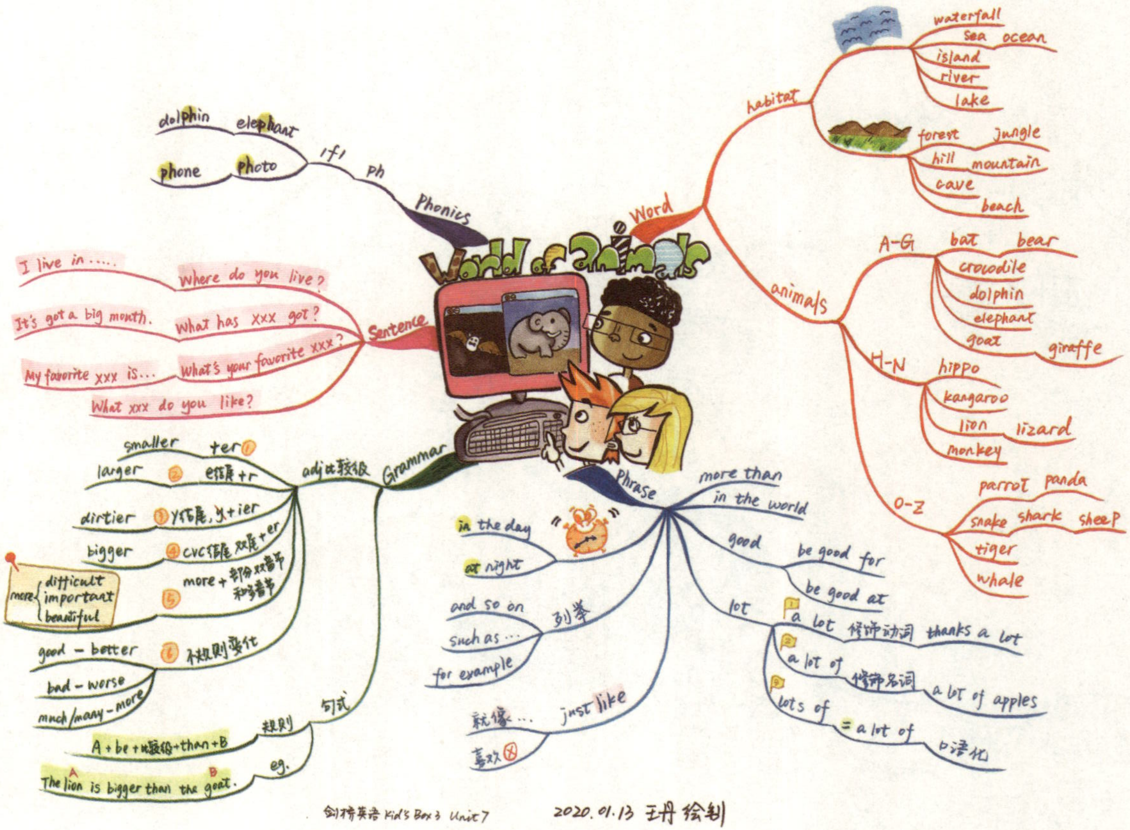

英语单元复习笔记　王丹/绘

小学语文阅读理解 考前分享会笔记图

3.图文并茂版：这是最常用的一种形式。由关键词、图像、线条三个元素构成，这种形式运用了左脑的逻辑思维和右脑的形象思维，是最常用的一种表现形式，可谓有图有文，直观明了。

古代诗歌
体裁分类
诗
古体诗
四言
最早《诗经》
五言
汉代
十五从军征
七言
唐代《行路难》
杂言
唐代《将进酒》
乐府诗
标题
歌
行
引
曲
吟
代表作
茅屋为秋风所破歌
近体诗
绝句
五言《登鹳雀楼》
七言《泊秦淮》
律诗
五言《春望》
七言
钱塘湖春行
排律
自奉先县咏怀五百字
曲
又名
词余
元代
类别
散曲
小令
短小曲子
天净沙·秋思
套数
《高祖还乡》
戏曲
杂剧
传奇
词
又名
诗余
长短句
两宋
代表作
渔家傲·秋思
特点
调
定格
句
定数
字
定声

古代诗歌体裁分类图

情投意合
interest
METHOD
从开发
Socity
Home
school
境
偶像开发
REDUCE
risk
COST
随机开发
定向开发
Multiple Intelligences
Verbal Linguistic
Logical Mathematics
Visual Spatial
Bodily Kinesthetic
Naturalist
Introspective Intra-personal
Social Inter-personal
Rhythmic Musical
HAPPY
奖
开发快乐
PRINCIPLE
喜欢
擅长
喜欢
×擅长
×喜欢
×擅长
摧毁信念系统

开发快乐图

《格列佛游记》读书笔记　董新秀/绘

《鲁滨逊漂流记》读书笔记 刘薇/绘

4.3D魔幻立体版：

导图福卡——送给妈妈的生日礼物　任鸿宇/绘

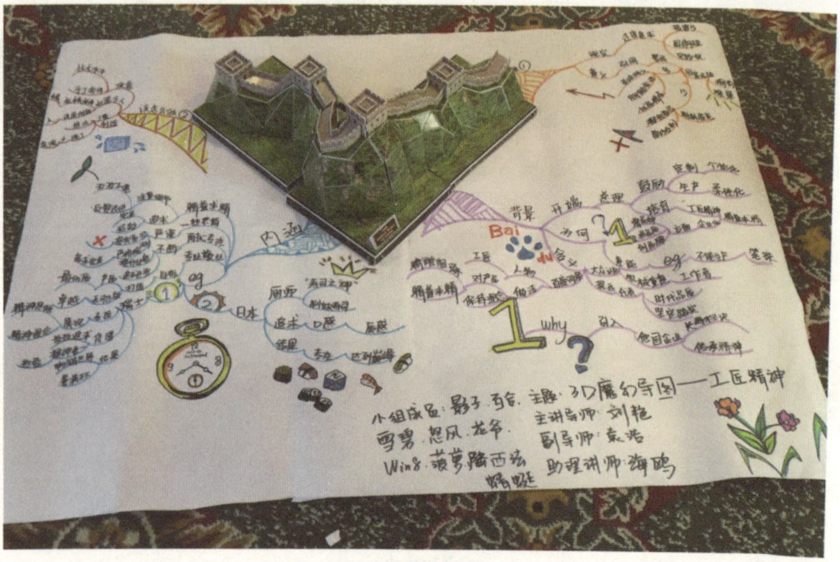

工匠精神图

新天鹅城堡思维导图 陈虹宇/绘

作品解读：

该幅立体思维导图分为四大部分：简介、材料、内景、国王。

思维导图的绘制误区

Q：思维导图是绘画，我本身不擅长画画，能够学好思维导图吗？

A：有很多人认为，思维导图就是画画，事实上，这是完全不同的两回事，思维导图注重重点内容的视觉化呈现，而绘画只是追求艺术效果，千万不要混为一谈。在思维导图中要求运用简明达意的图像，而简笔画就是非常好的选择，它可以成为你思维导图当中的视觉元素。一幅完整的思维导图包含关键词、逻辑分类、图像、色彩、线条等重要元素，缺一不可。如果一幅思维导图仅仅是图像，而没有关键词的说明，将不能呈现表达的要点内容，这就偏离了导图的核心宗旨，思维导图就是通过图文并茂的方式来展示重点信息，过滤非重点信息的。

Q：在平时如何练习绘制图像呢？

A：有很多学员不知道如何绘制图像，在这里和大家分享几个小方法：如果每次你都用百度搜图的话，可能当时会解决问题，但你却失去了一次独立创作的机会。思维导图的图像语言需要创作者掌握基本的视觉词汇后自发性地创作，而不是照着简笔画临摹和看着手机画。那么最好的办法就是多观察、多练习。观察生活中的每个细节，平时多多练习图像等视觉化的元素，就不会出现不知如何下手的尴尬情况了。

Q：绘制一张完整的思维导图需要很长时间，怎么办？

A：思维导图是一个手、眼、脑、耳共同协作的过程，帮你厘清思路，使其更加结构化、整体化，同时为你展现画面感，使平面思维变为立体思维！思维导图相对于传统的线性笔记来说，呈现的是最精练的内容，记忆一篇1000字的笔记可能需要半小时的时间，但是创作一幅导图笔记，也许只要10分钟。我们完全可以用一些碎片化的时间来绘制，提高效率，因为会用，所以有用。

Q：绘制的中心图可以画框吗？

A：这要具体问题具体分析，一般分为两种情况：制作聚合性思维，也就是整合信息的思维导图时，可以通过画框的方式突出主题，使其更加聚焦；制作发散性思维，也就是创意联想的思维导图时，无框的中心图更能引导拓展我们的思维，让我们的大脑产生更多新奇的点子。

Q：内容写错了该怎么办？

A：答案很简单，如果是线条绘制错误，直接打叉重画即可；如果是关键词写错，可以直接用删除线划掉，避免涂成一团黑，反而视觉上凸显错误信息，喧宾夺主，影响整幅图的美观。

Q：思维导图中能否添加其他表格或视觉化图形？

A：当然可以，思维导图本身也是可视化思维技术当中的一种形式，只要能够帮助我们理解和记忆，清晰呈现，完全可以组合在一起。这也体现了思维导图的包容性。

Q：越重要的内容离中心主题越近，那要先画原因还是结果？

A：越中间的关键词越重要，因为它决定了我们的思考方向。原因与结果哪个在先，哪个在后，取决于你的关注对象，你的关注点在哪儿就先画哪个。

思维导图绘制练习的具体要求

掌握了绘制应用思维导图的方法后，一定要勤加练习，才能真正叫作学会了思维导图，才能够在工作、生活中灵活运用。但需要你拥有“四千万”的启动资金，才能开启思维导图“潜学之旅”的练习计划！那么这“四千万”究竟是什么呢？这里指的就是：千万要“用心”、千万要“分享”、千万要“使用”、千万要“持续”！

1万个小时的练习

有个众所周知的理论：精通任何一项技能——唱歌、跳舞、打篮球，等等，这些都需要1万个小时的练习。作家格拉德威尔在《异类》一书中也指出：人们眼中的天才之所以卓越非凡，并非天资超人一等，而是付出了持续不断的努力。1万小时的锤炼是任何人从平凡变成超凡的必要条件。他将此称为“一万小时定律”。要成为某个领域的专家，需要1万小时，按比例计算就是：如果每天工作8个小时，一周工作5天，那么成为一个领域的专家至少需要5年，这就是“一万小时定律”。我坚信这个理论也适用于“画思维导图”。且不说要成为这个行业的专家，如果我们每个思维导图爱好者都能够潜心思考，用心绘制100张导图，那么恭喜你，你已经迈入了思维导图研究者的行列了。任何技能的极致掌握绝非一蹴而就，而是经过了千锤百炼。认知新奇的事物是我们人类赖以生存的技能。经过绘制思维导图的训练，我们的头脑会不断追逐精彩、新颖、出类拔萃和怡人的事物，从而给我们带来全新的体验。

认知研究表明，对于某种事物，我们的大脑需要先感知全貌，再认知细节，所以思维导图是一个很好的认知事物全貌的可视化思维工具。那么要想用好思维导图这项工具，需要经历一个循序渐进的过程。接下来我们就来谈一谈学习思维导图要经历的几个阶段。

从无到有：思维导图的学习从最初在工作与生活中的简单尝试到后续的熟练应用，是一个时间积累的过程。从一无所知，到知之不多，再到知之甚多，是知识的积累，也是经验的积累。刚刚开始学习思维导图要完全遵循导图的绘制法则，正是因为刚刚接触，所以需要大量模仿复制，这样逐步建立起自己的思维方式和思考模型。但这并不是说思维导图很复杂，其实它很简单，但是要想把它用好，就需要我们投入更多的时间和精力。这就是从无到有的过程。

从有到无：这是一个把思维导图融入个人生活和工作的历程，一种新的思考习惯和思维模式的建立。一旦建立这样的思考习惯和思维模式，那么在我们平时的工作与生活中即使不画思维导图，我们的大脑也会在无意识中建立起思维导图的放射性思维方式，自然把杂乱无章的思路快速厘清。我们一定要在平时的工作、学习和生活中不断地练习使用思维导图，从而逐步把它固化成一种无意识的习惯，就是从有到无的过程。

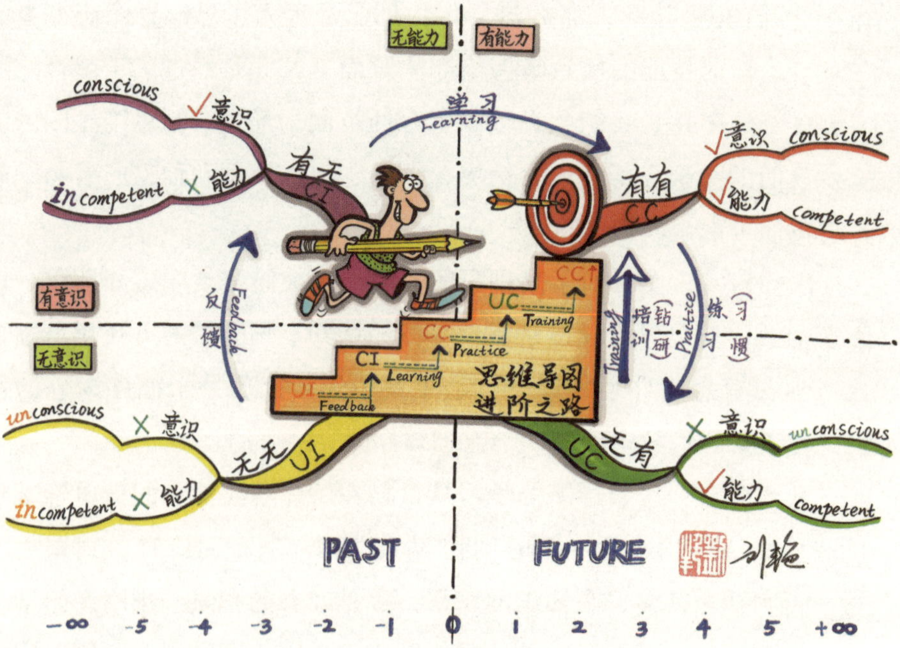

进阶之路图

上面这幅思维导图的主题是“学习思维导图的过程”。这幅导图也是一种创新型的导图模式。它大致分为四大区域，相当于平面直角坐标系里横轴和纵轴所划分的四个区域，每个区域是一个象限。“无意识无能力”属于第三象限；“有意识无能力”属于第二象限；“有意识有能力”属于第一象限；“无意识有能力”属于第四象限。

学好思维导图要经历“无意识无能力—有意识无能力—有意识有能力—无意识有能力—强意识高能力”五大阶段。

无意识无能力。当我们从未听说过“思维导图”时，在我们的脑海中就不存在这方面的资讯，此时我们处于无意识无能力阶段。这是最初接触思维导图的阶段。在此阶段会有一部分人通过相关“反馈”，例如媒体宣传、朋友介绍以及自身原因，对思维导图产生兴趣，从而进入第二个阶段，即有意识无能力阶段。

有意识无能力。当我们得到学习过思维导图的人的反馈时，我们便知道了“思维导图”，很想学习它，但本身不具备运用思维导图的能力，这时我们处于有意识无能力阶段。起初，因为你感觉到它对于你的工作学习比较有帮助，所以你坚持去用，但你还不是很熟练。你很清楚自己学得还不够好，而这也占用了你很多的精力。在这个阶段，你会觉得很不舒服，但也是你最用心学习的时候。突破现阶段的方法就是大量练习、模仿和复制优秀的作品案例，逐步加深对思维导图这种放射性思维模式的了解和应用。在此阶段会有很多朋友非常想画好思维导图，但本身能力还达不到，因此对思维导图的绘制产生各种各样的疑问，例如，我自己没有美术功底，画得不够漂亮，关键词找得不够精准，画得太慢浪费时间，等等。这时我们正处于“有意识无能力”阶段。

有意识有能力。当我们开始学习思维导图，并且掌握了基本的思维导图知识，能够熟练应用时，就是有意识有能力的阶段。通过一段时间的练习和应用，你对思维导图的使用比较熟练，而且逐步在自己的大脑中形成了放射性的思考模式和思考问题的观念。对于思维导图的绘制你可以做得更好，此时已经达到了“有意识有能力”的阶段，但还是会耗费你很多精力。

无意识有能力。通过不间断的练习，画过100张精品思维导图之后，就会变得越来越有能力，掌握了思维导图这项技能，而1万个小时理论也适合这里，因为只有不断练习，累计达到1万个小时以后，我们才能达到专家级别，当你可以不假思索很容易地做时，你就进入了“无意识有能力”的阶段。这个阶段在自己的工作和生活中使用思维导图已经成了你的一种习惯，变成了你生活和工作中不可或缺的一部分，此时是由你的潜意识在掌控了。思维导图已经成了你得心应手的思考工具和思考问题的方式。而你再经过特殊培训超越这个阶段，进入到“强意识高能力”阶段，你就是专家级别！那如果我们今后不再坚持练习，就会再次回到有意识无能力的阶段。

强意识高能力。经过特殊的培训和深度研究，我们再次回归到有意识有能力的状态，而且意识和能力不断升级，会变得更加强大，成为思维导图领域里的专家，此时便是“强意识高能力”，正所谓“脑中有图，胸有成竹”。

学习思维导图，一旦开始，就一定要学会持续，要始终相信“坚持的力量”，争取把它学到技能水平阶段，也就是我们刚才讲的“无意识有能力”的阶段。那究竟什么是技能呢？就是那些一经掌握，便不太会遗忘的能力，才能称得上是技能。例如：我们小时候学骑自行车、学游泳，当时是彻底学会了，那么多年以后，尽管你很久没骑过自行车、没游过泳，只要你当初是真学会了，稍加恢复是完全没有问题的。而有些东西你可能学会了，但是没能达到技能水平，这些就有可能因为长时间不接触而生疏或者遗忘。你要想学好思维导图的最佳途径就是拥有“四千万”——千万要“用心”、千万要“分享”、千万要“使用”、千万要“持续”！

练习绘制导图的四大要诀

模仿复制：就是先百分之百临摹成功者的绘图模式。学习一项技能，模仿是第一步，把模仿做到极致后，创新自然不期而至。

熟练应用：坚持一段时间后，能够灵活绘制。

领悟突破：接着在运用的过程中不断反思并做出创新以求突破。

自成一格：最后在多方整合后形成自己独特的风格。

“100天导图潜学之旅”计划

我从2009年开始教授思维导图起，就有个愿望，那就是希望有一天我能推行一个“100天导图潜学之旅”计划，能够激励我的学生们坚持每天画导图画到100天。2015年10月6日我开始了这个计划，让我的学生们尝试完成100天，随即有许多孩子完成了100天、200天的思维导图作品，他们的学习成绩也因此稳步提升，但到今天2016年10月6日止，我的学生魏一烽同学凭借惊人的毅力，完成了365天的思维导图作品。这对于一个年仅16岁的孩子来说就是一个奇迹。我们常说凡事坚持21天就能形成习惯，而他却坚持了整整一年。有了这样的毅力，人生中还有哪些事情做不到呢？记得我的恩师在我高中毕业那年送给我这样一句话：无论你成为挺拔的乔木还是低矮的灌木，你都是老师最欣赏的学生。这句话一直激励着我前行。如今我也特别想把这句话送给魏一烽同学。今天就让我们来共同走近这个年仅16岁的孩子，来读一读他的内心世界。

学员收获

365天思维导图坚持者魏一烽同学分享

自从我接触思维导图，经常能听到其他老师提到刘艳老师的名字。在一次父母课上我终于看见了这位大名鼎鼎的老师。当时她讲课时画图的手速快得让我瞬间瞪大了眼睛。我在后来也听过她的课，对她的崇拜之情日益加深！

去年国庆节，我和妈妈参加了亲子国学营，修学传统文化。在课程中听到刘艳老师提出的“100天导图潜学之旅”计划——如果每天画一张，长期积累无论是对学习还是生活都有很大的帮助！我那时心血来潮，上午画一张，下午画一张，把上课的笔记贯穿其中。看到其他同学直接拿给老师看，我也很想这样做，但是老师在我心里一直都是高高在上的，加上那时候自卑心理作怪，没勇气拿给她看，怕她觉得我画得太差了。后来还是妈妈耐心劝说，鼓励我把导图交给老师点评。当我鼓足勇气把导图交给老师时，忘不了她对我的微笑，即使我一句话也没和她说过。

五天转眼即逝，但“100天导图潜学之旅”计划却深深地印在了我的脑海里，我在回去的高铁上就开始了这一旅程。一张、两张、五张……我画的导图越来越多，发现自己的归纳能力也在渐渐变强。渐渐地，我在绘画导图中慢慢有了自信，直到我的第一百张导图完成。那一天我十分开心，因为这是我第一次长时间坚持做的事情，而画导图也潜移默化成了我的一种习惯。我觉得十分受用，不想就此间断，所以开始了我的“超百旅程”。

画完两百张导图后，由于画技与归纳不断成熟，我开始不满足于只按照定式画图，逐渐有了自己的风格，甚至在基础上进行改良，将很多想法融入其中，创造出了自己的东西。刚开始画导图时有点随心所欲，只画自己感兴趣的。后来开始画学科导图时才真正体会到它对学习的帮助。

从2015年的10月6日至今整整一年，我每天坚持画一张导图，总共坚持了365天，绘制了365张，我为自己能做到而感到自豪！未来我将会继续向更高的目标迈进，在高中三年努力学习，去更好地运用这个世界上最前沿的工具，争取考入自己理想的大学。在此，感谢刘艳老师，是您让我明白了坚持的意义！我会前行得更加坚定！

——魏一烽

思维导图坚持者年仅6岁半的韦诗怡同学分享

上面这幅图是一个6岁半的小姑娘绘制的文章分析导图。她叫韦诗怡，昵称小草莓，今年6岁半了，来自四川成都，是我教过的年龄最小的导图学员！她每天都会坚持画思维导图，已经坚持画了100多天。她把画导图当成了一种乐趣，年仅6岁半就能够运用思维导图做演讲大纲，站在舞台上，面对台下几百名观众，她出口成章，妙语连珠，引得满堂欢腾，连声喝彩，震撼全场！这时，你可能惊叹她的聪明，夸赞她的勇敢，但是你最惊羡的，一定是她侃侃而谈、新意迭出的表达才能以及严谨的逻辑思维能力！古人云："为之，则难者亦易矣；不为，则易者亦难矣！"6岁半的小姑娘可以做到的事情，相信每个人经过训练，同样也可以做到！

MIND MAPPING

第四篇

思维导图学习应用

古人云："得其法者事半功倍，不得法者事倍功半。"学习的本质就是由不会到会的过程，"会学"才能"学会"。然而，在学习的过程中，学习方法就显得尤为重要，特别是在当今信息爆炸的时代，如何高效地处理信息、有机地整合知识、充分地运用所学，已经成为学习的关键所在。那么学会高效记笔记就是其中一个非常重要的环节。学会记笔记是我们在学习过程中，为了达到学习目的，掌握学习内容而采取的重要手段、方式和途径。无论是学习、工作还是生活，我们都需要记笔记，记录下自己认为非常重要的信息。如今科技发生了翻天覆地的变化，可笔记本身却并没有太大改变，因为变化的只是媒介，记笔记的目的却始终如一。不管是在笔记本上草草写下只言片语，抑或在电脑、手机上记下整篇笔记，我们都需要找到一些途径来快速高效地记录笔记内容。正确的记笔记方法应该是由科学性、目的性、程序性、实践性组成的相互联系的统一体。好的笔记法，对每个人来说，就像一把万能钥匙，是通往成功的"快捷键"。

如今人们时常会陷入各种繁杂信息的包围之中。不管你从事什么职业、有什么追求，捕获和解读信息始终是一个颇具挑战性的话题，对现在的学生们来说更是如此，因为他们几乎每天都要经历这一过程。研究表明，要想克服信息过载，我们就必须学会高效组织和提炼信息。对学生而言，这就需要建立一整套完善的笔记整理体系，因为如何整理笔记对他们日后的复习、回顾有着极大的促进作用。

通常来讲，我们大多是通过浸泡在信息中的方式来进行学习的。在浸泡的过程中，我们会记下这些信息，然后不停地重复看这些记下来的信息，以便日后在考试中能够快速回忆起来。如今，大家可以通过思维导图这种可视化的形式来记笔记，这种方式能够极大地展现我们的学习思考过程，因为绘制思维导图的过程就是对内容的进一步理解和自身思维能力提升的过程，更重要的一点是思维导图这种放射状的形式本身就具备开放性，我们可以随时在思维导图笔记上进行相应信息的添加和补充，更好地学以致用。

记笔记伴随着学习的整个过程，那么思维导图笔记可以帮助我们厘清听课的思路，抓住听课的重点、难点，并且为日后的复习提供方便，更重要的是它能使我们在学习时注意力高度集中，深入理解老师所讲的内容，从而提高学习的效率。总之，一个会学习的人必定善于做笔记，经过绘制思维导图，思考知识的内在联系，从而促进知识的正向迁移，并通过归纳总结，使知识精练浓缩，有助于记忆。

导图笔记的应用

大致可以分为两大类：笔记输入（NOTE TAKING）和笔记输出（NOTE MAKING）。

笔记输入（NOTE TAKING）：从外界吸收信息储存到大脑当中，可以应用于各种笔记、会议记录、想法整理等。

笔记输出（NOTE MAKING）：组织运用自己大脑内的想法和数据，可以应用于作文大纲、学习计划、工作规划、项目企划、活动策划、问题的分析与解决等。

导图笔记的好处

1.快速捕捉并记录那些你未知的信息，能够用一张导图概括出核心知识的全貌，明确其最重要的信息，总体把握整个知识结构。

2.充分发挥大脑的左右脑的优势，用大脑最自然的方式——图文并茂，使我们的注意力更加集中，帮助我们记住相关信息，让我们的大脑乐于接受。

3.放射状的开放式逻辑架构，便于资料的进一步补充和整理，使内容日臻完善。

4.在需要的时候能够迅速通过“框架关键词”检索回忆起所需信息（比如在研究、写作和考试的时候）。

5.可以有效锻炼分析力、判断力、思考力，全面提升思维的条理性、开放性和逻辑性。

6.增强逻辑思维能力和解决问题的能力。思考理解问题，寻找解决方法的逻辑思维能力增强；对复杂问题由繁化简、由面到点，找出合适的解决方法。

一个人记笔记的方式可以反映出他的做事习惯、思维方式和工作流程。对一些人来说，笔记就是用一种全新的视觉方式来呈现信息。不管你用的是什么体系，大家所面临的挑战都是一样的：我们如何从庞杂的信息中过滤掉无关的内容，只留存重要的信息呢？这个去芜存菁的过程看起来似乎很复杂，但其实不然。笔记的所有体系大致可以分成两类：线性的和非线性的。然而思维导图是一种非线性的图形笔记形式，它有一项重要的功能就是做重点浓缩与去芜存菁。思维导图相对于传统的线性笔记，它的字数大幅减少，却依然能够充分展现出原文的主要概念与逻辑关系。

思维导图绘制文章分析笔记

心理学家研究证实，要想回忆旧信息并建立自己的知识体系，首先要了解记忆的三个阶段。有趣的是，这三个阶段正好和思维导图文章笔记的各个阶段相互对应。

1.编码——快浏览，圈重点。快速阅读文章大致内容，并捕捉圈选核心关键词，初步分出类别模块。

2.存储——理关系，列架构。把关键词之间的逻辑关系用线条层级梳理清晰，根据相应的逻辑架构储存到线条上。

3.检索——塑全貌，形象化。整合逻辑架构，为思维导图添加颜色，重读你的思维导图笔记，按图索骥，回忆你捕捉的核心信息，在未回忆出来的内容旁添加图像语言。

对学生而言，这是个比较高效的体系：捕捉信息然后通过思维导图这个全貌体系来储存知识，这样以后需要时就可以随时快速提取出来。

文章分析的步骤：

第一步：快速浏览文章，明确文章体裁，划分框架结构；

第二步：提取核心关键词，应用线条将核心关键词之间的关系梳理清楚，看看它们是总分、并列、递进，还是因果关系；

第三步：最后在重点的、易忘的、抽象的、难理解的地方匹配相应图像，从而形成图文并茂的笔记形式。

文章笔记的分类：

框架分析型、背诵记忆型、文学鉴赏型。

框架分析型

原文：**《真理诞生于100个问号之后》**

有人说过这样一句话：真理诞生于100个问号之后。其实，这句话本身就是一个真理。

纵观千百年来的科学技术发展史，那些定理、定律，学说的发现者、创立者，差不多都善于从细小的、司空见惯的自然现象中看出问题，不断发问，不断解决疑问，追根求源，最后把“？”拉直变成“！”，找到了真理。

洗澡是一件非常普通的事情，而美国麻省理工学院机械工程系的谢皮罗教授却敏锐地注意到：每次放掉洗澡水时，水的漩涡总是朝逆时针方向旋转的。这是为什么呢？谢皮罗紧紧抓住这个问号不放，进行了反复的实验和研究。1962年他发表了论文，认为这种漩涡与地球的自转有关，如果地球停止旋转，就不会产生这种漩涡。他认为，在北半球，洗澡水朝逆时针方向旋转；如果是在南半球，洗澡水的漩涡将朝顺时针方向旋转；而在赤道，则不会形成漩涡。他的这个见解，引起各国科学家的极大兴趣，他们纷纷在各地进行实验，结果证明谢皮罗的结论完全正确。

无独有偶。17世纪的一个夏天，英国著名化学家波义耳正急匆匆地向自己的实验室走去，刚要跨入实验室大门，阵阵醉人的香气扑鼻而来，他这才发现花圃里的紫罗兰开了。他本想好好欣赏一下迷人的花朵，但想到一天的实验安排，便摘下几朵紫罗兰插入一个盛水的烧瓶中，然后开始和助手们做实验。不巧的是，一个助手不慎把一滴盐酸溅到紫罗兰上，爱花的波义耳急忙把冒烟的紫罗兰用水冲洗了一下，重新插入花瓶中。谁知当水落到花瓣上后，溅上盐酸的花瓣奇迹般地变红了，波义耳立即敏感地意识到紫罗兰中有一种成分遇盐酸会变红。那么，这种物质到底是什么？别的植物中会不会有同样的物质？别的酸对这种物质会有什么样的反应？这对化学研究有什么样的意义？这一奇怪的现象以及一连串的问题，促使波义耳进行了许多实验。由此他发现，大部分花草受酸或碱的作用都会改变颜色，其中以石蕊地衣中提取的紫色浸液最明显，它遇酸变成红色，遇碱变成蓝色。利用这一特点，波义耳制成了实验中常用的酸碱试纸——石蕊试纸。在以后的300多年间，这种试纸一直被广泛应用于化学实验中。

最有趣的是一位奥地利医生。一次儿子睡觉时，他发现儿子的眼珠忽然转动起来。他感到很奇怪，连忙叫醒儿子，儿子说他刚才做了个梦。这位医生想，眼珠转动会不会与做梦有关呢？会是什么关系呢？他百思不得其解。于是，带着一连串的疑问，他以儿子、妻子、邻居为实验对象，进行了反复的观察实验，最后得出结论：当睡觉的人眼珠转动时，他确实正在做梦。如今，人们研究梦的生理学，便根据眼珠转动的次数和时间，来测量人做梦的次数与梦的长短。

洗澡水的漩涡、紫罗兰的变色、睡觉时眼珠的转动，这些都是很平常的事情，善于“打破砂锅问到底”的人，却从中有所发现，有所发明，有所创造，有所成就。

在科学史上，这样的事例还有很多，它说明科学并不神秘，真理并不遥远，只要你见微知著，善于发问并不断探索，那么，当你解答了若干个问号之后，就能发现真理。

当然，见微知著、善于发问并不断探索的能力，不是凭空产生的，正像数学家华罗庚说过的，科学的灵感，绝不是坐等可以等来的。如果说，科学领域的发现有什么偶然的机遇的话，那么这种“偶然的机遇”只能给那些有准备的人，给那些善于独立思考的人，给那些具有锲而不舍精神的人。

绘制思维导图文章笔记的全过程

第一步：绘制中心主题。题目当中的“真理”用“显微镜”表示，“诞生”用打碎的“蛋壳”代替，“？×100”表示“100个问号”，即“真理诞生于100个问号之后”。

第二步：思考一下，这篇文章是什么题材？通读全文后得知是议论文。思考这篇文章大致可以分为几个部分，每部分内容请用一个关键词来概括。在大脑中呈现思考框架，也就是大纲主干的内容，但不必画在纸上，做到“脑中有图，胸有成竹”，这样一来就可以避免内容布局不均衡。经过仔细分析后，1～2自然段是第一部分，3～6自然段是第二部分，7～8自然段是第三部分，勾出每部分的核心关键词。如何“自我检查”关键词呢？重新看一遍自己画的关键词，看关键词能否组成一篇完整的资讯内容，如果可以就是有用有效的关键词。

有人说过这样一句话：**真理诞生于100个问号之后**。其实，这句话本身就是一个**真理**。

纵观千百年来的**科学技**术**发展史**，那些**定理**、**定律**，**学说**的发现者、创立者，差不多都善于从**细小的**、**司空见惯**的**自然现象**中看出问题，不断发问，不断解决疑问，追根求源，最后把“？”拉直变成“！”，找到了真理。

经分析，第1、第2自然段是第一大部分，可以用“论点”一词概括。真理用一根“针”代替，“？”是问题，“！”是真理。

绘制第一部分内容

第三步：紧接着分析第二大部分内容，可以用关键词“举例”概括。

洗澡是一件非常普通的事情，而**美国麻省理工**学院**机械工程**系的**谢皮罗教授**却敏锐地注意到：每次放掉**洗澡水**时，水的**漩涡**总是朝逆时针方向旋转的。这是为什么呢？谢皮罗紧紧抓住这个问号不放，进行了反复的实验和研究。1962年他发表了论文，认为这种漩涡与**地球**的**自转**有关，如果地球停止旋转，就不会产生这种漩涡。他认为，在**北半球**，洗澡水朝**逆时针**方向旋转；如果是在**南半球**，洗澡水的漩涡将朝

顺时针方向旋转；而在**赤道**，则**不会**形成漩涡。他的这个见解，引起各国科学家的极大兴趣，他们纷纷在各地进行实验，结果证明谢皮罗的结论完全正确。

无独有偶。**17世纪**的一个**夏天**，**英国**著名**化学家波义耳**正急匆匆地向自己的实验室走去，刚要跨入实验室大门，阵阵醉人的香气扑鼻而来，他这才发现花圃里的紫罗兰开了。他本想好好欣赏一下迷人的花朵，但想到一天的实验安排，便摘下几朵紫罗兰插入一个盛水的烧瓶中，然后开始和助手们做实验。不巧的是，一个助手不慎把一滴**盐酸**溅到**紫罗兰**上，爱花的波义耳急忙把冒烟的紫罗兰用水冲洗了一下，重新插入花瓶中。谁知当水落到花瓣上后，溅上盐酸的**花瓣**奇迹般地**变红**了，波义耳立即敏感地意识到紫罗兰中有一种成分遇盐酸会变红。那么，这种物质到底是什么？别的植物中会不会有同样的物质？别的酸对这种物质会有什么样的反应？这对化学研究有什么样的意义？这一奇怪的现象以及一连串的问题，促使波义耳进行了许多实验。由此他发现，大部分花草受酸或碱的作用都会改变颜色，其中以石蕊地衣中提取的紫色浸液最明显，它**遇酸**变成**红色**，**遇碱**变成**蓝色**。利用这一特点，波义耳制成了实验中常用的酸碱试纸——**石蕊试纸**。在以后的300多年间，这种试纸一直被广泛应用于化学实验中。

最有趣的是一位**奥地利**医生。一次儿子**睡觉**时，他发现儿子的眼珠忽然转动起来。他感到很奇怪，连忙叫醒儿子，儿子说他刚才做了个梦。这位医生想，眼珠转动会不会与做梦有关呢？会是什么关系呢？他百思不得其解。于是，带着一连串的疑问，他以**儿子**、**妻子**、**邻居**为实验对象，进行了反复的观察实验，最后得出结论：当睡觉的人眼珠转动时，他确实正在做梦。如今，人们研究**梦**的**生理学**，便根据**眼珠转动**的**次数**和**时间**，来**测量**人做**梦**的**次数**与梦的**长短**。

通常分析一个事例，大致可以从四个维度：时间、地点、人物、事件进行分析概述。第二大主干内容可以用“举例”来概括。一共有三个例子：洗澡水的漩涡、紫罗兰变色、眼珠转动。

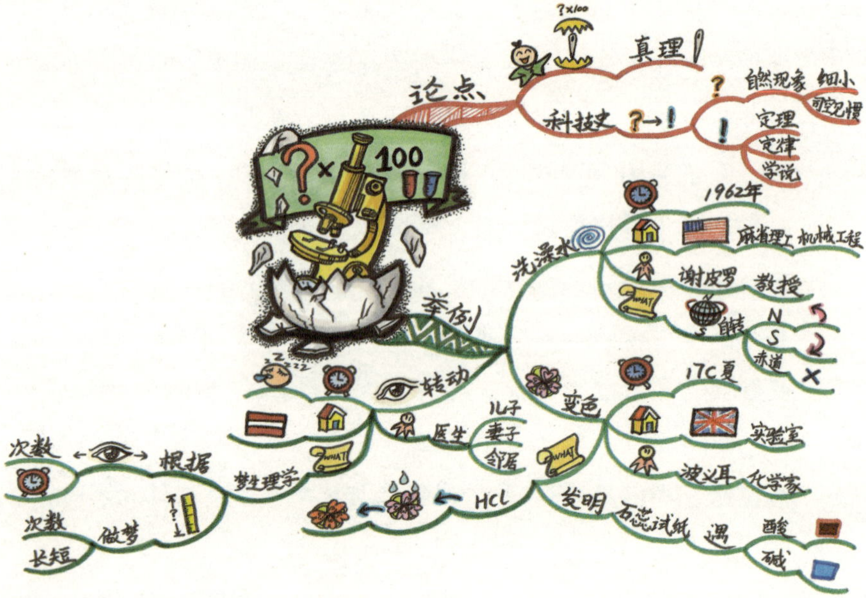

绘制第二部分内容

第四步：分析第三大部分的内容，可以用“总结”来概括。

洗澡水的漩涡、紫罗兰的变色、睡觉时眼珠的转动，这些都是很平常的事情。善于“**打破砂锅问到底**”的人，却从中有所**发现**，有所**发明**，有所**创造**，有所**成就**。

在科学史上，这样的事例还有很多，它说明科学并不神秘，真理并不遥远。只要你**见微知著**，善于**发问**并不断**探索**，那么，当你解答了若干个问号之后，就能发现真理。

当然，见微知著、善于发问并不断探索的能力，不是凭空产生的。正像数学家**华罗庚**说过的，科学的灵感，绝不是坐等可以等来的。如果说，科学领域的发现有什么**偶然**的**机遇**的话，那么这种“偶然的机遇”只能给那些有**准备**的人，给那些善于**独立思考**的人，给那些具有**锲而不舍**精神的人。

“打破砂锅问到底”，因为不便于拆分，所以用拿锤子打破砂锅的图像说明。

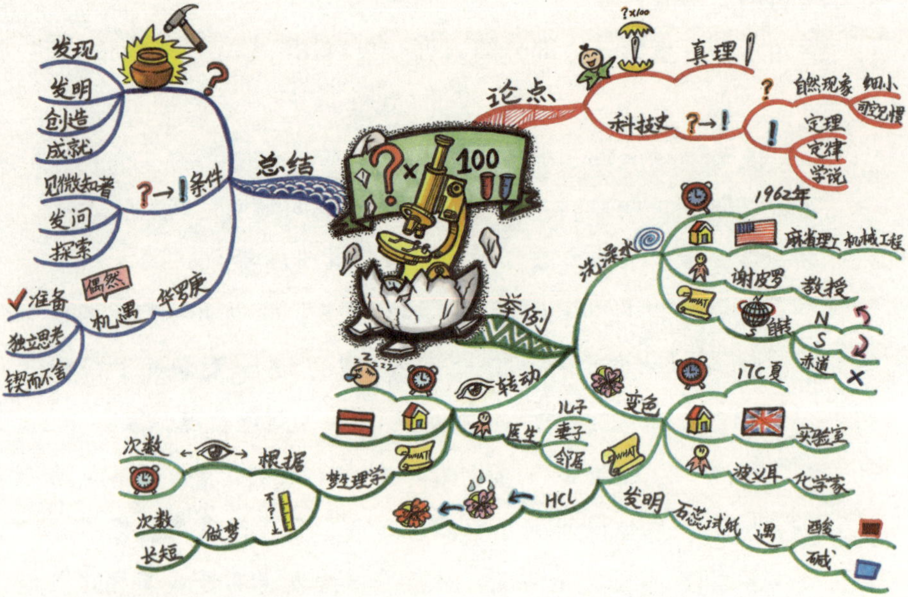

绘制第三部分内容

第五步：添加关键图像。在文中重点的地方出现图像，大纲主干是文章框架的主轴，所以主干上的关键词一定要出现图像。“论点”用“话筒”表示，“举例”用“手指123”表示陈述三个事例，“总结”用“笔和本子”代替。例如：见微知著——大象和昆虫，锲而不舍——老黄牛，成就——果实，等等。最后又画了一个大大的“！”代表真理。这样一张完整的框架分析型思维导图就画好了。

对比一下：思维导图笔记 VS线性文章笔记

1.信息负荷量降至原文的大约1/10：原文1315个字，导图126个字；

2.分类结构更容易理解、吸收和记忆；

3.图像让大脑更加轻松，容易记住重点内容。

这就是为什么会有那么多人愿意运用思维导图来做笔记的原因了。

背诵记忆型——古文

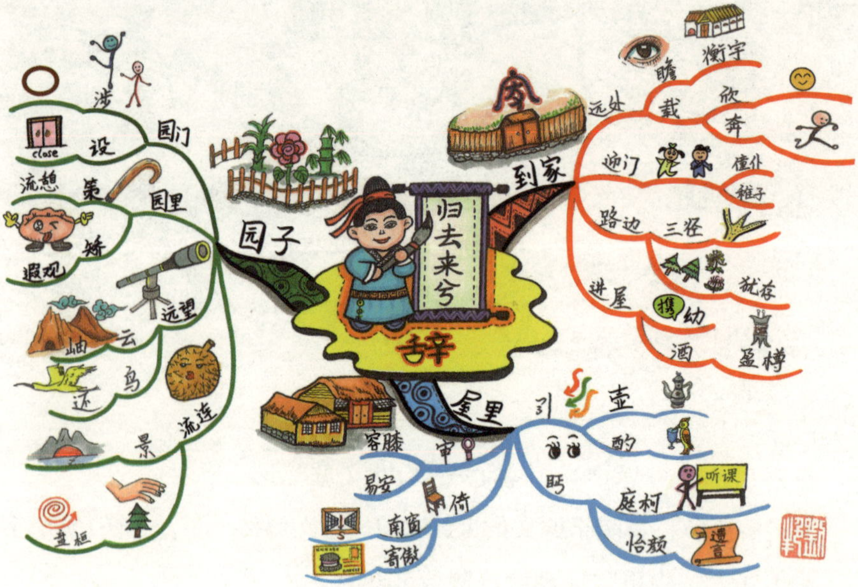

归去来兮辞

原文　《归去来兮辞》选段

乃瞻衡宇，载欣载奔。僮仆欢迎，稚子候门。三径就荒，松菊犹存。携幼入室，有酒盈樽。引壶觞以自酌，眄庭柯以怡颜。倚南窗以寄傲，审容膝之易安。园日涉以成趣，门虽设而常关。策扶老以流憩，时矫首而遐观。云无心以出岫，鸟倦飞而知还。景翳翳以将入，抚孤松而盘桓。

第一步：阅读全文，进行分层，并用关键词概括每层的意思。经过分析概括，全文大致可以划分为三大部分，第一大部分可以概括为“到家”，第二大部分可以概括为“屋里”，第三大部分可以概括为“园子”。

到家乃瞻衡宇，载欣载奔。僮仆欢迎，稚子候门。三径就荒，松菊犹存。携幼入室，有酒盈樽。// **屋里**引壶觞以自酌，眄庭柯以怡颜。倚南窗以寄傲，审容膝之易安。// **园子**园日涉以成趣，门虽设而常关。策扶老以流憩，时矫首而遐观。云无心以出岫，鸟倦飞而知还。景翳翳以将入，抚孤松而盘桓。

第二步：找出每部分的关键词，并整理出关键词之间的逻辑关系。“到家”这部分分为四个层次，分别概括为：远处、迎接、路边、进屋；“屋里”这部分分为四个层次，分别概括为：引、眄、倚、审；“园子”这部分分为四个层次，分别概括为：园门、园里、远望、流连。再标明下一个阶层的关键词。

远处乃瞻衡宇，载欣载奔。/ **迎接**僮仆欢迎，稚子候门。/ **路边**三径就荒，松菊犹存。/ **进屋**携幼入室，有酒盈樽。// **引**壶觞以自酌，/ **眄**庭柯以怡颜。/ **倚**南窗以寄傲，/ **审**容膝之易安。// **园门**园日涉以成趣，门虽设而常关。/ **园里**策扶老以流憩，时矫首而遐观。/ **远望**云无心以出岫，鸟倦飞而知还。/ **流连**景翳翳以将入，抚孤松而盘桓。

第三步：在重点、易忘、抽象、难理解的关键词旁出现图像，便于深入理解和记忆。

大纲主干上的关键词是一定要出图像的。内容分支上的重点关键词转化为图像："衡宇"指长长的屋檐；"酌"谐音"啄"，用啄木鸟替代；"庭柯"谐音"听课"；"怡颜"谐音"遗言"；"寄傲"用"画着奥利奥的信封"替代；"扶老"用拐杖替代；"流连"谐音"榴梿"。

【案例分享】

从军行

原文　《从军行》

作者：王昌龄（唐代）

大漠风尘日色昏，红旗半卷出辕门。前军夜战洮河北，已报生擒吐谷浑。

登高

原文　《登高》

作者：杜甫（唐代）

风急天高猿啸哀，渚清沙白鸟飞回。无边落木萧萧下，不尽长江滚滚来。

万里悲秋常作客，百年多病独登台。艰难苦恨繁霜鬓，潦倒新停浊酒杯。

念奴娇·赤壁怀古

原文　《念奴娇·赤壁怀古》

作者：苏轼（宋代）

大江东去，浪淘尽，千古风流人物。故垒西边，人道是，三国周郎赤壁。乱石穿空，惊涛拍岸，卷起千堆雪。江山如画，一时多少豪杰。

遥想公瑾当年，小乔初嫁了，雄姿英发。羽扇纶巾，谈笑间，樯橹灰飞烟灭。故国神游，多情应笑我，早生华发。人生如梦，一尊还酹江月。

春夜喜雨

原文　**《春夜喜雨》**

作者：杜甫（唐代）

好雨知时节，当春乃发生。随风潜入夜，润物细无声。

野径云俱黑，江船火独明。晓看红湿处，花重锦官城。

背诵记忆型——英文

新概念英语第三册

Lesson 44　Speed and comfort　又快捷又舒适

People, traveling long distances frequently have to decide whether they would prefer to go by land, sea, or air. Hardly anyone can positively enjoy sitting in a train for more than a few hours. Train compartments soon get cramped and stuffy. It is almost impossible to take your mind off the journey. Reading is only a partial solution, for the monotonous rhythm of the wheels clicking on the rails soon lulls you to sleep. During the day, sleep comes in snatches. At night, when you really wish to go to sleep, you rarely manage to do so. If you are lucky enough to get a sleeper, you spend half the night staring at the small blue light in the ceiling, or fumbling to find your ticket for inspection. Inevitably you arrive at your destination almost exhausted. Long car journeys are even less pleasant, for it is quite impossible even to read. On motorways you can, at least, travel fairly safely at high-speeds, but more often than not, the greater part of the journey is spent on roads with few service stations and too much traffic. By comparison, ferry trips or cruises offer a great variety of civilized comforts. You can stretch your legs on the spacious decks, play games, meet interesting people and enjoy good food----always assuming, of course, that the sea is calm. If it is not, and you are likely to get sea-sick, no form of transport could be worse. Even if you travel in ideal weather, sea journeys take a long time. Relatively few people are prepared to sacrifice holiday time for the pleasure of travelling by sea.

Aeroplanes have the reputation of being dangerous and

even hardened travellers are intimidated by them. They also have the disadvantage of being an expensive form of transport. But nothing can match them for speed and comfort. Travelling at a height of 30, 000 feet, far above the clouds, and at over 500 miles an hour is an exhilarating experience. You do not have to devise ways of taking your mind off the journey, for an aeroplane gets you to your destination rapidly. For a few hours, you settle back in a deep armchair to enjoy the flight. The real escapist can watch a film and sip champagne on some services. But even when such refinements are not available, there is plenty to keep you occupied. An aeroplane offers you an unusual and breathtaking view of the world. You soar effortlessly over high mountains and deep valleys. You really see the shape of the land. If the landscape is hidden from view, you can enjoy the extraordinary sight of unbroken cloud plains that stretch out for miles before you, while the sun shines brilliantly in a clear sky. The journey is so smooth that there is nothing to prevent you from reading or sleeping. However you decide to spend your time, one thing is certain: you will arrive at your destination fresh and uncrumpled. You will not have to spend the next few days recovering from a long and arduous journey.

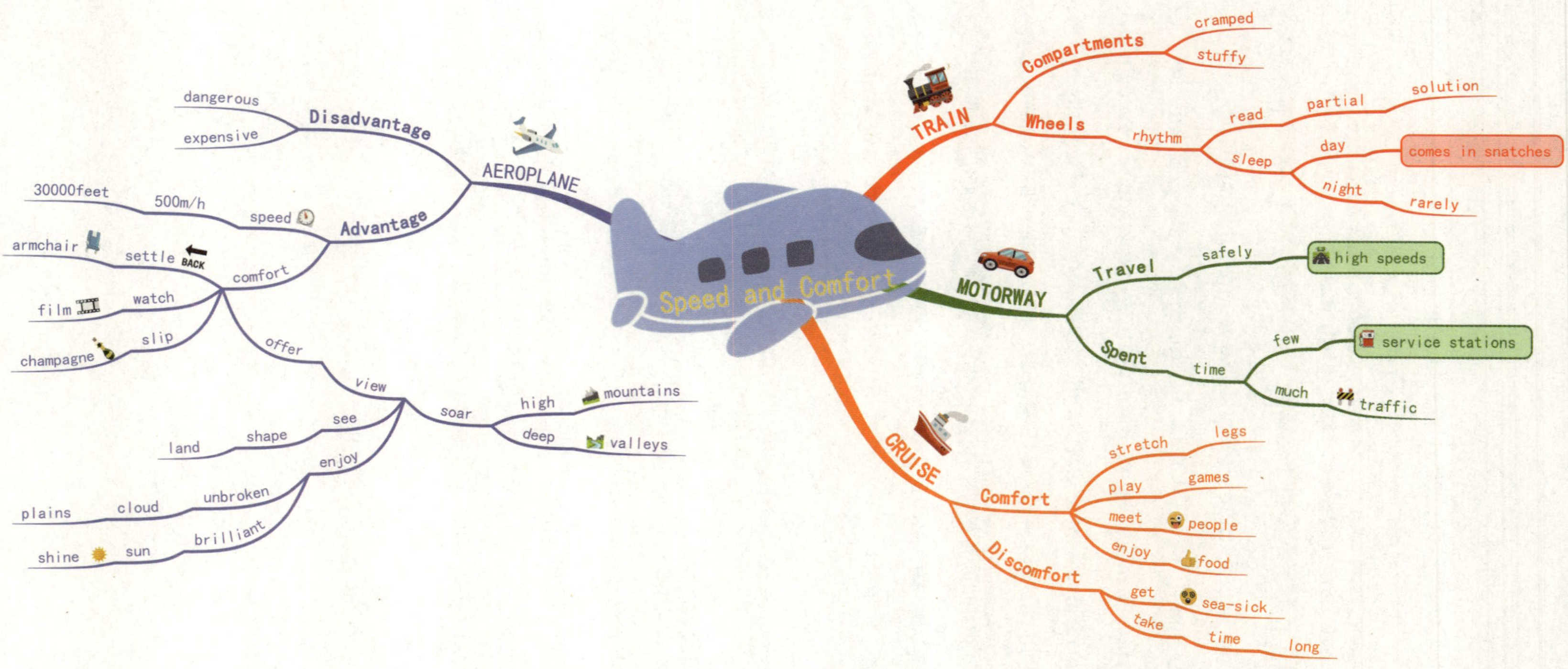

Speed And Comfort　韩彤/绘

作品解读： *Speed and Comfort*是英语学习者必背篇目之一，文章篇幅较长，句子结构较复杂，且利用了对比的论述方法。通过思维导图对文章内容进行分析，可以更快速、更高效地理清文章结构，掌握文章要点，最终达到帮助背诵全文的目的。

本文讲述了4种长途旅行方式的优缺点，且通过对比的论述方式，突出强调乘坐“aeroplane（飞机）”旅行的优点——“speed and comfort”。按照作者的论述顺序，本篇文章可以分为以下四个部分：

第一部分：梳理乘坐火车旅行时的特点；

第二部分：梳理长途汽车旅行的特点；

第三部分：从“comfort”和“discomfort”两个不同的角度，分别梳理不同情境下对应的动作和行为；

第四部分：是本篇文章的重点和中心所在，分别梳理并整合乘坐飞机旅行的缺点和优点。

利用丰富的小插图，使内容更加形象、生动，能更好地帮助记忆与背诵。比如：四个大纲主干上的小插图，分别对应四种旅行方式，加深印象；用“调皮”的图像代替文中的“interesting people”中的“interesting”，用“大拇指”的图像代替文中的“good food”中的“good”，既生动形象、帮助记忆，又避免了在背诵时丢失文章细节。

原文：An unusual day

It is eight o'clock. The children go to school by car every day, but today, they are going to school on foot.

It is ten o'clock. Mrs.Sawyer usually stays at home in the morning, she is going to the shops.

It is four o'clock. In the afternoon, Mrs.Sawyer usually drinks tea in the living room. But this afternoon, she is drinking tea in the garden.

It is six o'clock. In the evening, the children usually do their homework, but this evening, they are not doing their homework. At the moment, they are playing in the garden.

It is nine o'clock. Mr.Sawyer usually reads his newspaper at night. But he's not reading his newspaper tonight. At the moment, he's reading an interesting book.

An unusual day图 王子为/绘

原文：Our janitor

Mr.Feng is our school janitor. He is nice and he works hard. He is a good janitor but he is not only a janitor. My friend is his son. He told me about his dad's busy life last week.

On Monday and Wednesday evening at 9:00 pm, Mr.Feng was visiting the hospital. He reads stories to the children there. A lot of the children did not want to be in hospital. Mr.Feng made them feel better.

On Tuesday and Thursday evening, Mr.Feng was a fireman! He is strong. The job is dangerous but he wants to help people. He says everyone should help make our city a safe place.

On Friday at 4:30pm, Mr.Feng was giving chess lessons at our school. Mr.Feng is good at chess. He is an interesting man and the best school janitor!

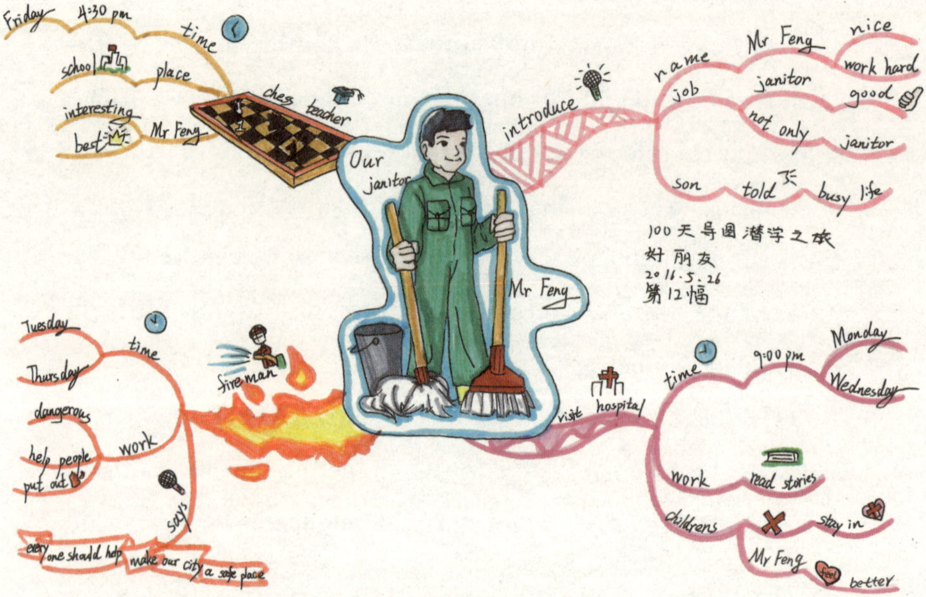

Our janitor图 王子为/绘

原文：Farmers's busy day

Farmers are very busy people. They have a lot of work to do. Most meat and vegetables come from farms. We asked Ling Zhou, a farmer from Guangdong about his job. He told us about his day yesterday.

"I got up at 5:00 am. The sun was coming up. At 5:15 am., I was eating breakfast and by 5:30 am., I was already working in the fields. I was feeding the animals at 6:00 am. and then for the next two hours I was planting seeds. By 8:00 am., I was watering the plants. This is a very important job.

"I collected the eggs from the chickens and then went to town. From 3:00 pm. to 5:00 pm., I was selling eggs at the market. Lots of people were shopping there. At 6:00 pm., I went home to eat dinner. By 8:30,I was sleeping!"

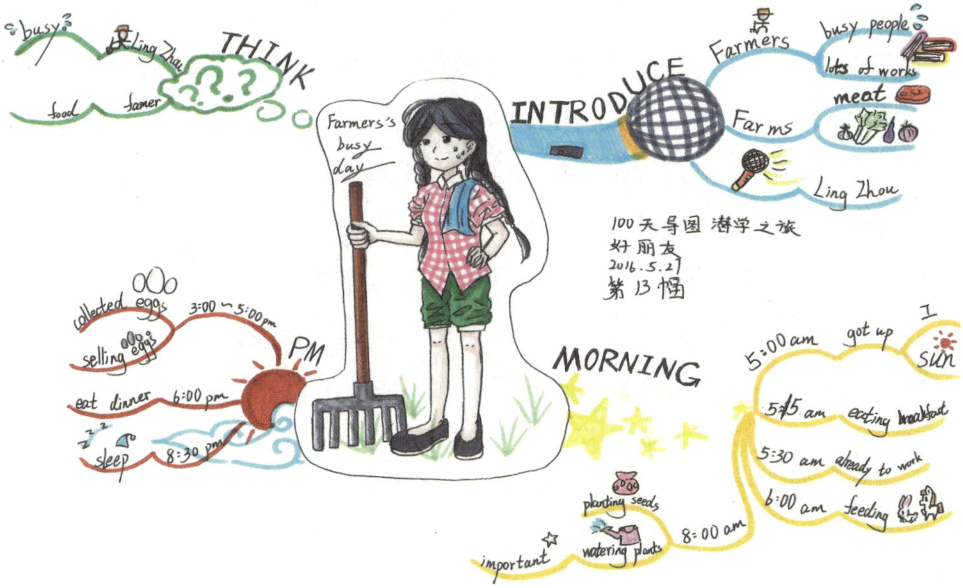

Farmers's busy day图 王子为/绘

思维导图绘制考试复习大纲

学习的最高境界是“Study less, Learn more”，意思是“学得少，会得多”。也就是说花最少的学习时间，得到最大的学习效果，这是每一个学习者的终极梦想。平时课堂上关于知识点的掌握是必要的，临近考试我们需要做的就是把掌握的这些知识点串起来，形成一个整体性的知识结构，知识结构就像一座城市的地图，理解就是知识结构高度发达完善的结果。知识点本身是没有疆界的，运用思维导图可以高效地把分散的知识点连成线，结成网，使知识能够有机地融合在一起，更加系统化、规律化、整合化，在大脑中形成一张知识的“导航图”。运用思维导图绘制考试复习大纲最关键的一点就是能够创造性地解决问题，思维导图因为应用而获得新的意义。

古人云：“温故而知新。”复习本身是一个承上启下的过程。复习就是对自己已学过的知识内容进行查漏补缺和总结归纳，更重要的一点就是检验自己掌握知识的程度。对于已经掌握了的知识可以加深印象，对于尚未掌握的内容进行巩固和提升，也可以为接下来学习新知识做好充足的准备。

学习要讲究效率，所谓高效学习就是要讲究学习策略。让我们来思考一个问题，你是想每天学一点儿，还是想在考试前临时抱佛脚呢？看上去后者节约时间，其实前者的效率才高。很多时候在考试前我们需要大量复习，假如复习资料凌乱无序，肯定会浪费时间，因此复习资料越有组织，复习起来效率越高！考试复习大纲类的思维导图就像是知识结构的种子，是一座建筑的地基和支撑它的框架，是知识最为核心的关键点，从最重要的信息出发，分解内容，不断拓展分支，细化知识，由此可以延展出全部的核心考点。这种动态的形式有助于我们理顺思路，将庞大的知识组织得条理分明。

绘制考试复习大纲的步骤

第一步：通读复习大纲内容，运用整体性思维，将大纲中给出的信息进行归类整合，在脑中呈现整体框架构思。

第二步：逐一提炼每个部分的关键词，添加每个部分的细节内容，用线条把关键词之间的逻辑关系梳理清楚并展现出来。

第三步：为整幅思维导图上颜色，在上颜色的过程中可以对考点信息进行再次重温复习，加深印象，在回忆不起来的和常考的重点信息旁一定要运用图像语言，如插图、代码、符号等进行相应标注，突出重点，便于理解记忆。

考试复习大纲的两种类型

第一种：MASTER MIND MAP，称为“导航图（母图）”，相当于“一章”的内容大纲。

第二种：MINI MIND MAP，称为“迷你图（子图）”，相当于这一章中某一“小节”的内容要点。

那么对于一本书来说，根据书籍目录整理出来的思维导图就相当于“导航图（母图）”，它包含了整本书的总体内容框架，明晰了重难点的分布情况，相当于整本书的使用指南。就好像我们拼乐高积木一样，如果我们提前看到拼图的全貌，那么在拼的时候就感觉非常容易了。每个章节的内容就是这本书的“迷你图（子图）”。如果只需要大约了解一下书本内容，就可以一本书画一张导航图；如果需要掌握的内容比较多，就需要多画几张迷你图。

【案例分享】

《导游人员资格考试——全国导游基础》考试大纲

第一章　　自然旅游资源及主要景观

考试目的：通过本章的考试，检查考生对我国地理位置、疆域面积、行政区划、主要自然景观构成和分布的熟悉程度；检查考生对各种自然旅游景观基础知识掌握的程度；同时检查考生综合运用这些知识，灵活解答这些问题的能力。

考试内容：

第一节 主要自然环境要素及其特点

熟悉中国的地理位置、疆域边界、陆地领海面积、行政区划、自然景观构成的要素及其特点。

第二节 地貌旅游景观

熟悉我国的冰川、荒漠、海岸等地貌景观的典型代表，我国五岳、宗教名山和风景名山名称以及所在地。

掌握我国观光游览型山地花岗岩景观、岩溶景观、丹霞景观、熔岩景观、石英砂岩景观、变质岩景观等主要地貌景观的成因与特点以及各类景观地貌典型代表的名称和特点。

第三节 水体景观

熟悉我国江河景观的风景河段、漂流河段、峡谷河段典型代表的名称以及所在地；掌握我国古代著名水利工程都江堰、灵渠、京杭大运河、坎儿井，湖泊景观的湖泊成因类型和景观类型及其典型代表名称，泉的类型、名泉分类及其典型代表名称以及所在地，瀑布景观的要素及著名瀑布，近海与海滨景观和热带浅海海底景观以及潮汐景观的相关知识。

第四节 生物景观

熟悉我国森林群落、草原群落、湿地群落三大生物景观类型。掌握我国主要珍稀植物、古树名木、珍稀动物与迁徙动物的典型代表。

第五节 气象气候和天象景观

熟悉我国日出、日落、月色、云海、烟雨、冰雪、极光、雾凇、佛光、蜃景等景观的最佳观景地名称。

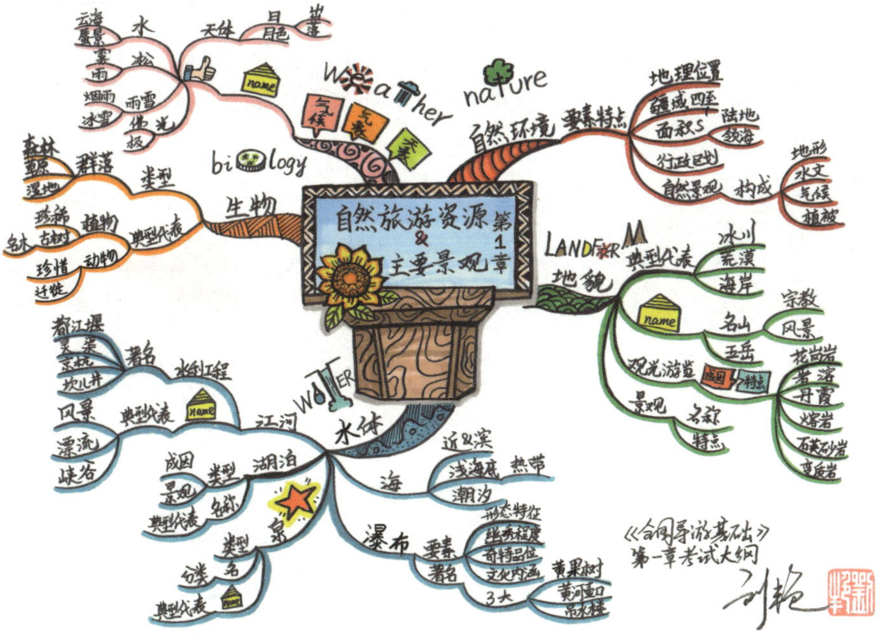

考试大纲图

作品解读：这幅导图就可以称为“MASTER MIND MAP”。写有“name”的黄色房子图标代表的是“名称所在地”，因为关键词的字数要求是保证在4个字以内便于记忆，所以用这种自创的代码形式非常直观。整幅导图中出现了四处类似的图标，它们代表相同的意涵——名称所在地。

标注“红色五角星”的泉是考试的重点内容。它属于第三节水体景观的第三部分内容。

第三节 水体景观——泉

泉是指地下水的天然露头。我国是世界上泉水最多的国家之一，清泉总数有10万之多，名泉有百处之多，自古以来文人墨客游历大江南北，各大名泉多留下他们的足迹，有的泉还被题诗、命名。我国温泉分布十分广泛，福建、云南、西藏和台湾为温泉密集区，福州有“温泉城”之称。

（一） 泉的类型

泉的分类有多种标准，可根据泉水成因、出露性质、温度、化学成分、功能、补给来源、出露奇特程度、酸碱度等进行划分。

按泉水温度可分为冷泉和温泉。冷泉和温泉划分的临界温度，不同地区、不同国家的标准不尽相同。目前我国一般以25℃为界，泉水温度低于25℃称冷泉，高于25℃称温泉。温泉又分为微温泉、温泉、热泉、高热泉和沸泉（指水温高于当地沸点的泉）。

（二） 名泉

由于泉的水压、水质、水温和出露状态的差异，泉水表现出不同的景观，名泉按功能分为观赏泉、品茗泉和沐浴泉。

观赏泉，是指作为景观而成名的泉。观赏泉可以是自身自然景观，也可以是与泉水相伴而生的奇特景致，还可以是历史文化名泉。泉水与奇特景致相伴而生的名泉有大理蝴蝶泉、敦煌月牙泉、台南水火泉、广元含羞泉等。历史文化名泉主要有庐山谷帘泉、北京玉泉、济南趵突泉、镇江中泠泉、杭州龙井泉和虎跑泉、无锡惠山泉、太原晋祠难老泉等。

品茗泉，指与茶文化相关联的泉。世界茶文化在中国，伴随茶文化出现许多品茗泉，并成为以茶为中心的旅游热点。中国五大名泉是镇江中泠泉、无锡惠山泉、苏州虎丘观音泉、杭州虎跑泉、济南趵突泉。

沐浴泉，矿泉医疗作用按成分分为氡泉、碳酸泉、硫化氢泉、铁泉、碘泉、溴泉、砷泉、硅酸泉、重碳酸盐泉、硫酸盐泉、氯化物泉和淡泉12种类型，氡泉为12类之首，有矿泉之精的美称。热泉、高温热泉洗浴效果及医疗价值最好，因之温泉度假地多以“汤”命名。著名的沐浴泉有黑龙江五大连池、辽宁汤岗子温泉、北京小汤山温泉、南京汤山温泉、广州从化温泉、内蒙古阿尔山温泉、台湾阳明山温泉等。

作品解读：这幅图就是关于《第一章自然旅游资源及主要景观》的一张“MINI MIND MAP”。这幅图是我6年前画的，在导图法则上还不是很严谨，例如沐浴泉的12种类型，这12种泉本应是并列关系，而我却为了节约空间画成了递进的关系。现在请大家看下面这幅导图，这是如今我再翻出该导图笔记，为了符合导图法则重新做的调整。我把每一个分支画成了红色的条幅，这三个红色的条幅承载了11种类型，第12种氡泉的形式符合导图法则不必修改。然后我又用一朵红色的云把这12种类型框起来，用矿泉水和红十字标记，代表沐浴泉的第三个分支与矿泉医疗息息相关，矿泉医疗作用按成分分为以上12种类型。这就是运用导图的好处，它开放式的结构形式便于我们日后修改和填充，并补充新的资讯内容。

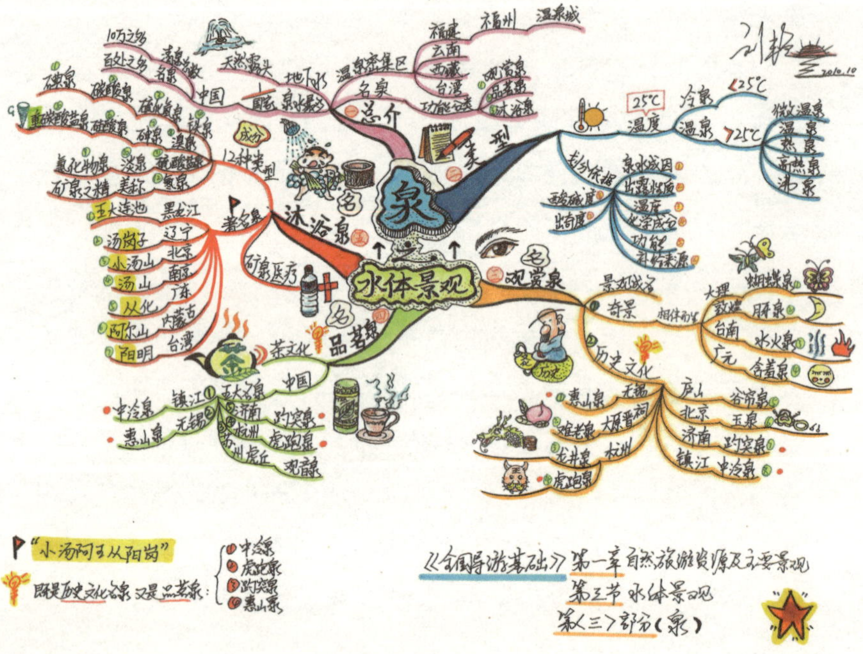

水体景观之泉图

水体景观之泉图

这幅图我重点要说明的是它是如何和记忆法相结合的。

例如：1.画小红旗的沐浴泉有哪些呢？运用“字头歌诀记忆法”，在每个名称中找一个关键字，五大连池——五、汤岗子——岗、小汤山——小、汤山——汤、从化——从、阿尔山——阿、阳明——阳，然后我们可以把这些提出来的关键字编成一句有趣的顺口溜——小汤阿五从阳岗，这样就很容易把内容记下来。

2.考试的时候试卷的选择题占的比重是比较大的，如，既是历史文化名泉又是品茗泉的是哪个？这时候我们就要回忆导图中的观赏泉里的历史文化名泉和品茗泉，那么画红点的就是二者之间的相同点，这样就能很直观地找到相应答案了。

【案例分享】

“五四爱国运动”考试复习大纲

运用思维导图绘制考试复习大纲，它的步骤类似于文章笔记分析，这时我们要明确目标：能够熟练掌握导图大纲上的所有核心知识点以及它们之间的内在联系，达到清晰记忆，在考试的时候可以随时提取相关信息，为考试所用。

五四爱国运动 知识点大纲

一、背景

1. 经济基础：第一次世界大战期间，民族资本主义迅速发展。

2. 政治基础：北洋军阀的封建专制统治使国内阶级矛盾加深。

3. 阶级基础：工人阶级力量不断壮大。

4. 思想基础：新文化运动解放了人们的思想；马克思主义的传播。

5. 导火线：中国在巴黎和会上的外交失败。

二、爆发

1919年5月4日，北京学生在天安门广场集会、示威。

三、口号

“外争国权，内惩国贼”“废除二十一条”“打倒卖国贼曹汝霖、章宗祥、陆宗舆”等。

四、高潮

工人阶级作为独立的政治力量登上历史舞台，运动的中心由北京转移到上海，上海的“三罢”斗争把五四运动推向高潮。

五、结果

运动取得初步胜利。北洋政府释放被捕学生，罢免曹汝霖、章宗祥、陆宗舆的职务。中国代表拒绝在《凡尔赛和约》上签字，中国第一次拒绝了由世界上几个强大的帝国主义国家制定的和约。

六、性质

五四运动彻底地、不妥协地反帝反封建，是中国从旧民主主义革命发展到新民主主义革命的转折点，是中国新民主主义革命的开端。

七、五四精神

爱国救亡、民主科学、文化启蒙。

八、意义

五四运动是一场伟大的反帝爱国运动，也是一场广泛传播民主和科学的新文化运动。

五四运动又是一场伟大的思想解放运动，它促进了马克思主义的传播，自此，中国历史翻开了崭新的一页。

快速浏览考试复习大纲，明确一共罗列了多少个小标题，然后找出各个小标题之间的共同点并进行初步归类，把相同或相近性质的小标题内容放在一起，用关键词概括归类后的各部分内容的大意（关键词可以是原文有的，也可以是自己总结的）。经过分析，整篇大纲一共罗列了八个小标题，按照导图法则来讲，同级分支最好保持在七个以内，越精简越好。通过观察比较，我们可以把整篇考纲分为三大部分，分别是背景、过程、总结。背景单独为一部分，过程部分包含爆发、高潮、结果，总结部分包含性质、口号、精神、意义。现在我们对整篇考纲的总体情况有了初步的认识，绘制导图就可以做到心中有数了。

绘制考试复习大纲全过程

绘制中心主题

大纲的主题是“五四爱国运动”，因为这个事件是发生在天安门广场，所以我画了天安门以及爱国青年们，以此代表这个中心主题。

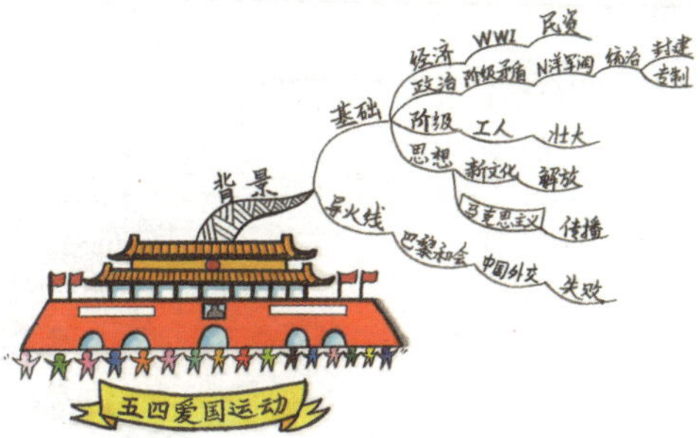

延展具体内容

第一部分内容：背景

在分析第一部分内容时我们会发现，经济基础、政治基础、阶级基础、思想基础，这四个内容都在阐述“基础”这个关键词，所以我们要把“基础”单独提出来，合并同类项。“背景”可以分为两部分内容：基础和导火线。“WW1”代表的是“第一次世界大战”的英文缩写。“马克思主义”是专有名词不便拆分，可以把它放到框里作为一个图像。

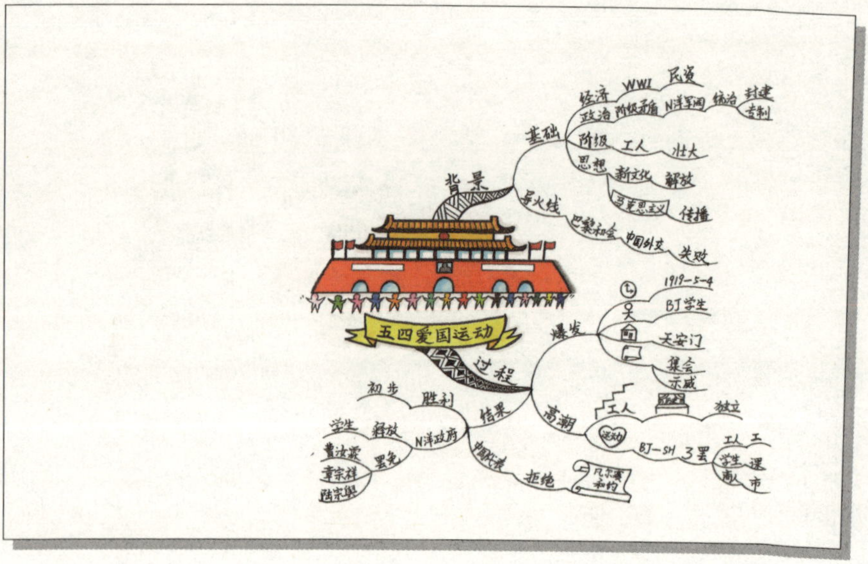

第二部分内容：过程

这部分内容又可划分为：爆发、高潮、结果。爆发部分采用表示时间、地点、人物、事件的代码表示，省略了文字信息，更加直观明了，让人印象深刻。该部分多处运用了图像语言，使其直接代替关键词，例如：工人阶级、历史舞台、运动中心、北京（BJ）、上海（SH），其中“凡尔赛和约”属于专有名词，放在卷轴中作为图像。

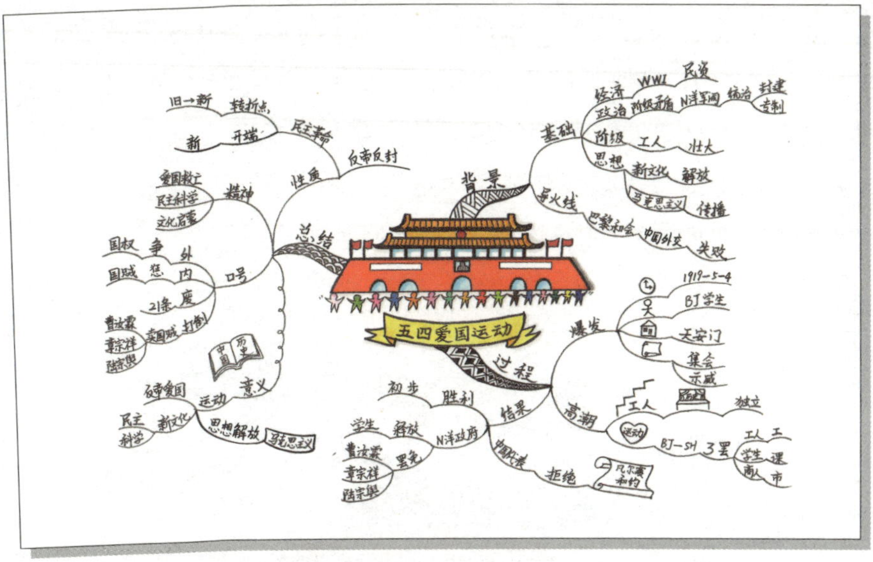

第三部分内容：总结

这部分内容划分为性质、精神、口号、意义。意义部分“中国历史翻开了崭新的一页”，用一本翻开的写有中国历史的新书代替。在分析记录重点信息时，要多加注重考点信息之间逻辑关系的缜密展现。

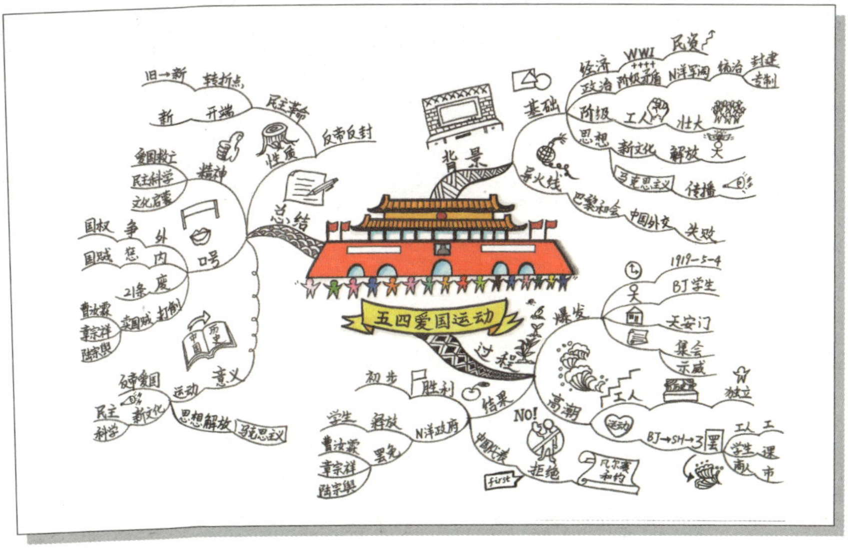

添加图像语言

在大纲主干上一定要出现图像：“背景”用“电视机背景墙”代替，“过程”用“种子的生长过程”代替，“总结”用“纸笔”代替。这些图像语言一定是脑中呈现的“第一印象”，在常考的重点信息旁也要添加图像语言，例如，“爆发”用“手枪”表示，“口号”用“条幅”表示，等等。

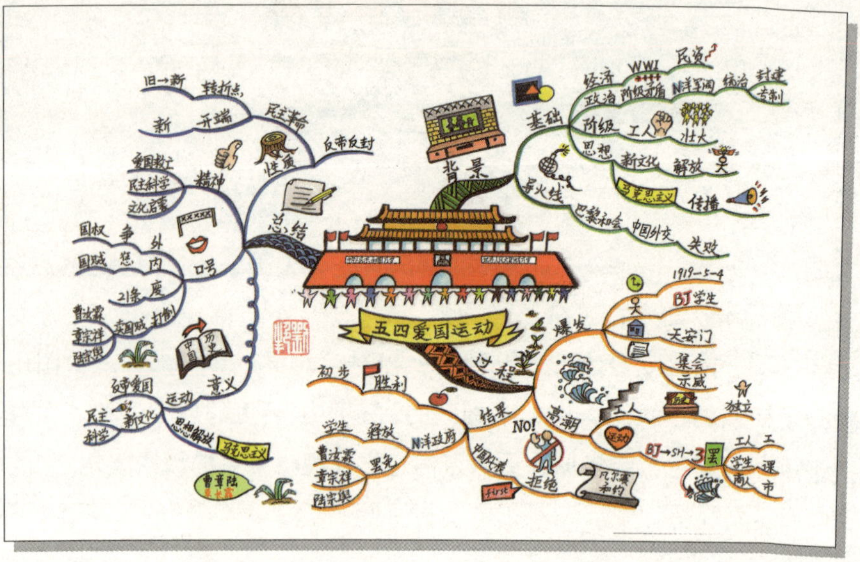

关于如何绘制优秀的考试复习大纲导图，本书选用了两幅关于中学地理知识点的考试大纲作为例子来进行讲述（图见于本书末尾折页）。

从内容方面来讲，这是两幅非常优秀的学科思维导图作品。第一，知识点呈现清晰，把书本上复杂的知识点做了整理归纳，比线性笔记更容易查阅知识点间的关系；第二，图像语言丰富，无论是中心图，还是周围标着序号的插图代码，都运用了图像语言，从而充分展现出相关知识点的具体含义，要比纯文字更容易理解和记忆，而且还巧妙地运用了“标注”的方法，能够更充分地利用好导图周围的空间，使布局更加实用合理。有时我们做的传统的线性笔记，不好掌握这些表面看似联系不大的知识点，而在这两张思维导图上，知识点间的联系得到了集中的呈现，逻辑关系非常清晰严谨，用关键词与关键词之间组成的深层次逻辑架构概括出来大篇幅的知识点考试大纲，非常实用。这样在以后的考前复习过程中，拿出这样的导图大纲来复习，既能节省时间、提升效率，又能聚焦核心知识点并牢记于心，可谓一举两得。总的来说，这两幅导图作品可以称得上是“美观与实用”并存的优秀作品。

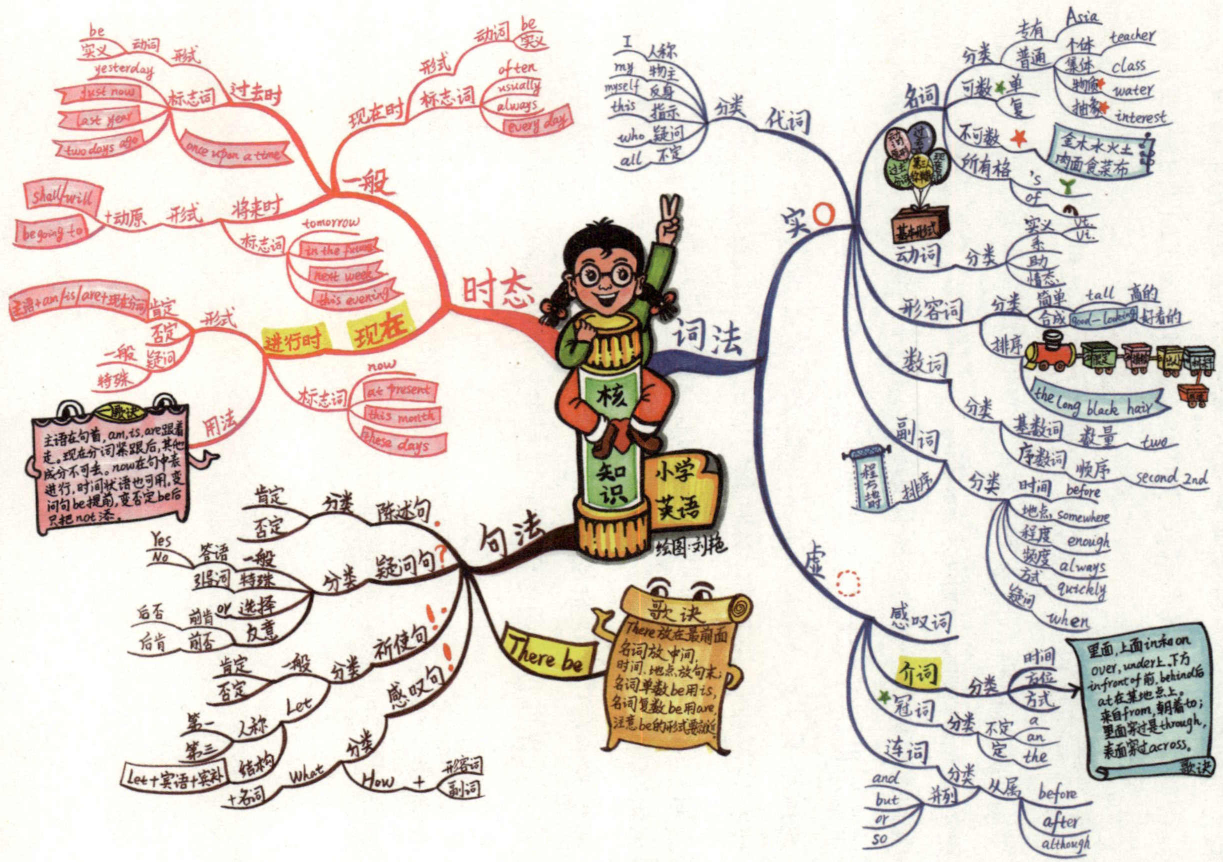
核心知识
小学英语
绘图:刘艳
词法
实
虚
代词
分类
I 人称
my 物主
myself 反身
this 指示
who 疑问
all 不定
名词
分类
专有 Asia
普通
个体 teacher
集体 class
物质 water
抽象 interest
可数 单 复
不可数
金木水火土
肉面食菜布
所有格 's of
动词
分类
实义 Vt. Vi.
系
助
情态
形容词
分类
简单 tall 高的
合成 good-looking 好看的
排序
the long black hair
数词
分类
基数词 数量 two
序数词 顺序 second 2nd
副词
分类
时间 before
地点 somewhere
程度 enough
频度 always
方式 quickly
疑问 when
排序
感叹词
介词
分类
时间
方位
方式
里面,上面in和on
over,under上,下方
in front of前,behind后
at在某地点上。
来自from,朝着to;
里面穿过是through,
表面穿过across。
歌诀
冠词
分类
不定 a an
定 the
连词
分类
并列 and but or so
从属 before after although
时态
一般
现在时
形式 动词 be 实义
标志词 often usually always every day
过去时
形式 动词 be 实义
标志词 yesterday just now last year two days ago once upon a time
将来时
形式 +动原 shall/will be going to
标志词 tomorrow in the future next week this evening
现在
进行时
形式
肯定 主语+am/is/are+现在分词
否定
疑问 一般 特殊
用法
标志词 now at present this month these days
歌诀
主语在句首,am,is,are跟着走。现在分词紧跟后,其他成分不可丢。now在句中表进行,时间状语也可用。变问句be提前,变否定be后只把not添。
句法
陈述句
分类 肯定 否定
疑问句
分类
一般 答语 Yes No
特殊 3W疑问词
选择 or 前肯后否 前否后肯
反意
祈使句
分类
一般 肯定 否定
Let 人称 第一 第三
结构 Let+宾语+宾补
感叹句
分类
What +名词
How + 形容词 副词
There be
歌诀
There放在最前面,
名词放中间,
时间,地点放句末;
名词单数be用is,
名词复数be用are,
注意be的形式要就近!

小学英语核心知识

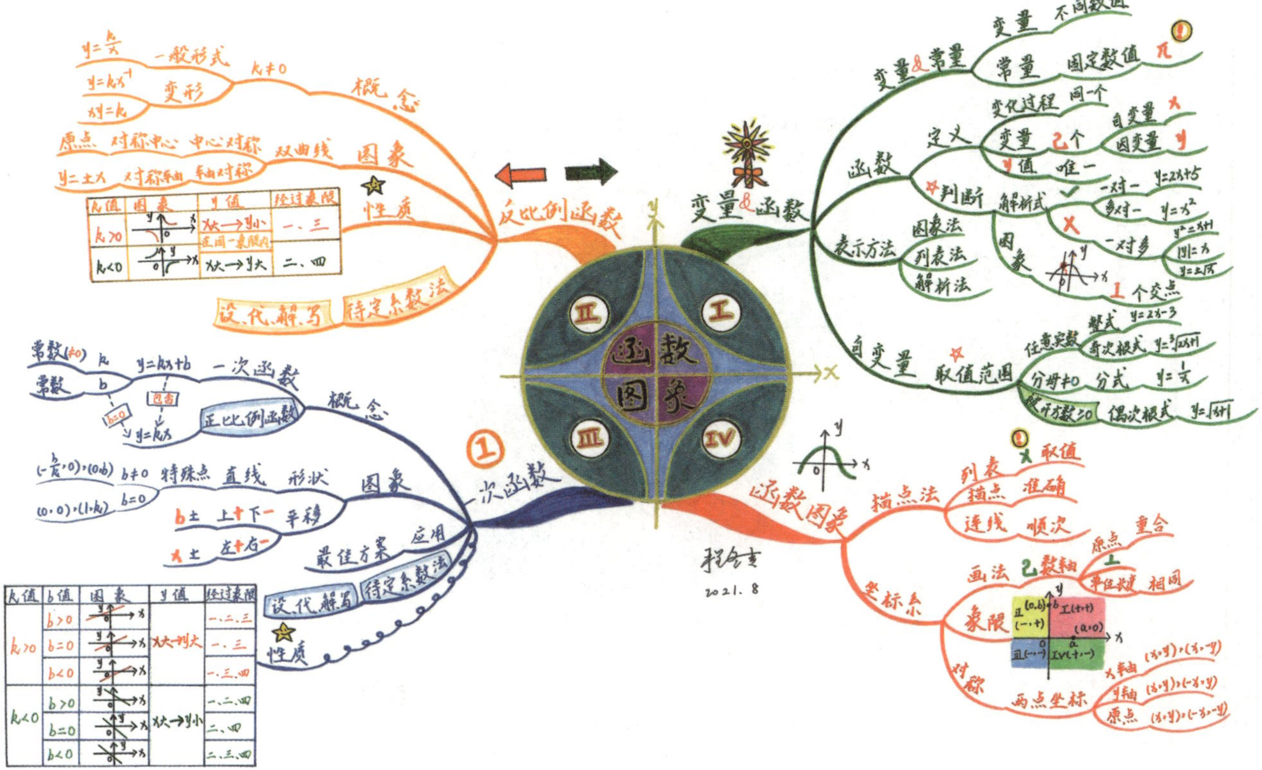
函数图象
变量&函数
变量&常量
变量
不同数值
常量
固定数值
函数
定义
变化过程
同一个
变量
2个
自变量
因变量
值
唯一
判断
解析式
一对一
多对一
一对多
图象
1个交点
表示方法
图象法
列表法
解析法
自变量
取值范围
任意实数
整式
奇次根式
分母≠0
分式
被开方数≥0
偶次根式
函数图象
描点法
列表
取值
描点
准确
连线
顺次
坐标系
画法
2数轴
原点
重合
单位长度
相同
象限
对称
x轴
y轴
原点
两点坐标
反比例函数
概念
一般形式
变形
k≠0
图象
双曲线
原点、对称中心、中心对称
轴对称
性质
待定系数法
设、代、解、写
一次函数
概念
常数
正比例函数
图象
特殊点
直线
形状
平移
上+下−
左+右−
应用
最佳方案
待定系数法
设、代、解、写
性质
程冬青
2021.8

二次函数图 程冬青/绘

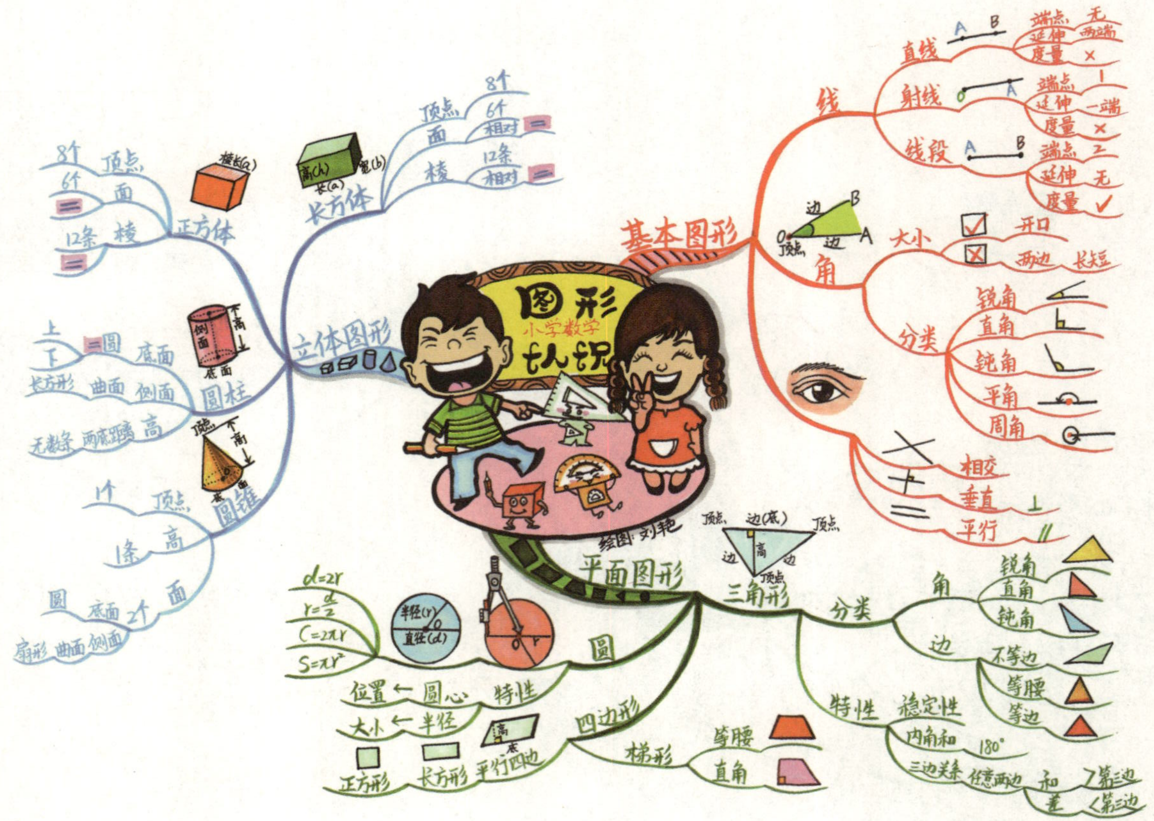

小学数学图形认识 森林图

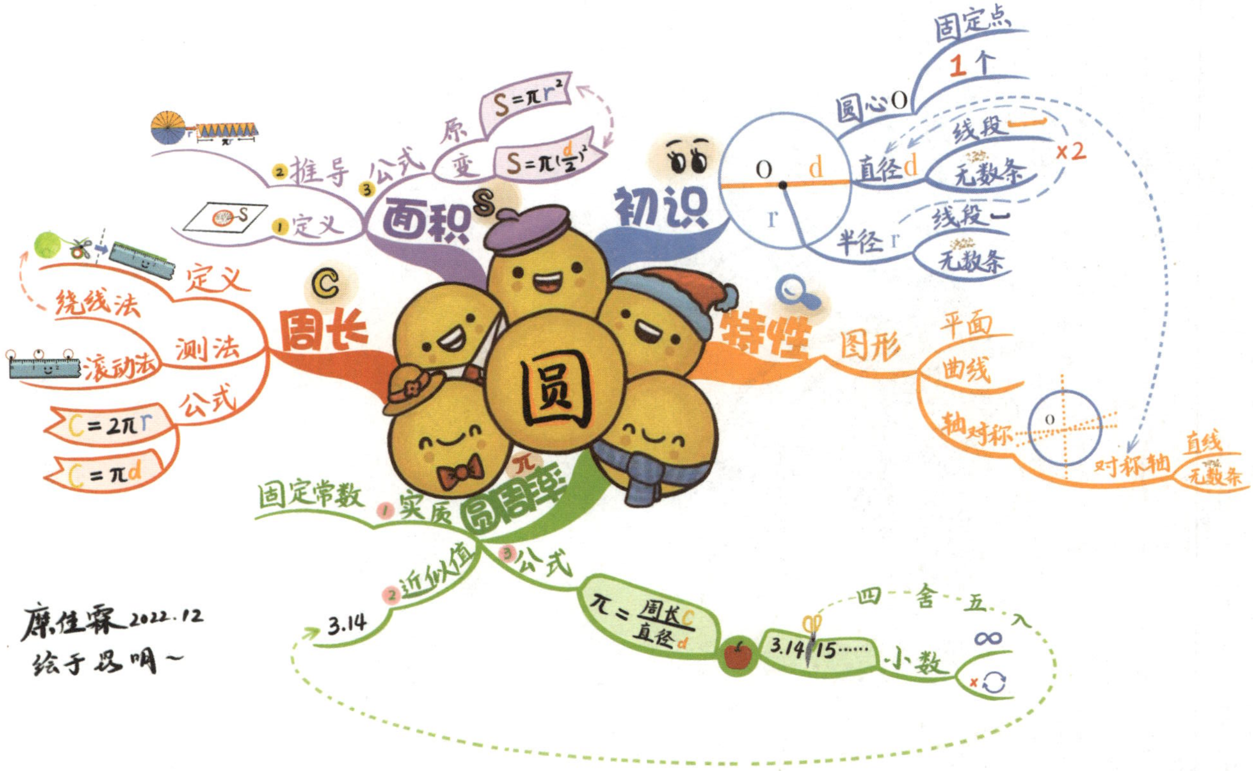

圆的知识树木图 糜佳霖/绘

图形认识图

一张思维导图大纲，“既见树木，又见森林”。森林指的是整体，树木指的是重点。当我们把一份学科的考试复习大纲由传统的线性笔记转换为思维导图笔记，呈现出一张学科知识的全景结构图时，你会清晰地看到知识点与知识点之间的关系，这样大大提高了我们对于学科知识的理解力和记忆力。

考试复习大纲不仅能加深学生对知识的进一步理解，促进学生对知识的积累和记忆，也能使知识更加系统化，从而便于学生掌握知识之间的相互联系。只有知识系统化，才有利于进一步运用，实现从知识体系到知识技能，再到学习能力的转变，让学生们成为真正的学习者。

思维导图考试复习大纲是由单一的知识考点组成的，每个知识考点都是学习阶段中要求必须掌握的基础内容。所以，要想掌握所学的知识考点，首先要打好基础，将每个知识考点都牢牢掌握，这就是我们所说的学好“点”。但仅仅学好“点”是不够的，因为现在的考试越来越向考查综合能力、思维能力的方向发展。所以，我们要在掌握好“点”的基础上，运用思维导图这种可视化、放射状的结构形式，将知识考点之间的内在联系理清楚，把握知识考点之间的逻辑连接和体系结构，做到“由点及面”地学习，能够将所学的知识完全掌握，随时提取，灵活应用，这才是运用思维导图绘制考试复习大纲的关键所在。

思维导图的视听记录

视听记录可以分为课堂听记和视频音频听记。首先我们来了解一下课堂听记。

课堂听记

运用思维导图做课堂笔记是高效学习很重要的组成部分。课堂导图笔记要求我们在上课时一定要全神贯注地听老师讲课，而不是忙于做非常详细且纷繁复杂的笔记，等到下课再学。做导图笔记是避免注意力分散的一个非常有效的办法。通过对老师讲解的重点内容进行记录，使自己的思维一直跟着老师走。课后通过导图笔记进行整理参考，不仅可以加深印象，还有助于对学习内容的进一步掌握。记课堂笔记最重要的目的是更好地理解所学的内容，如果忘了这个目标，笔记做得再漂亮、导图画得再标准美观，也是本末倒置。记好课堂导图笔记的核心关键在于能够清楚地知道哪些知识是重点、哪些是老师教的核心内容。

一开始尝试运用导图做课堂笔记是比较困难的，你不妨尝试把平日里在课堂上做的线性笔记转换成导图笔记，慢慢尝试找到思路和窍门，日积月累就能够灵活运用了。

课堂笔记的核心要点是进行“信息压缩”，也就是减少信息的容量，寻找信息的逻辑关系。在一堂课的时间里要记住大量信息并将其分好类是很困难的，但是如果信息只有两三页纸，要组织好就容易多了，而且可以通过导图笔记仔细回忆整个课程的结构，更好地建立知识之间的联系。做好课堂导图笔记的关键，记的内容包括老师讲课的要点、难点、关键、典型例题，书上没有、老师补充的内容，没听懂的问题，等等，可以按时间和类别两种方式记录。

导图做课堂笔记的好处：

1.能够捕捉转瞬即逝的灵感，可以随时添加自己的想法。

2.掌控全局，明晰重、难点。

3.即时归纳总结，增进理解记忆。

4.集中注意力，提升听课效率。

5.开放式的结构模式有助于进行内容的添加和补充。

导图做课堂笔记的注意事项：

1.记笔记之前要做好预习工作。

2.听记结合，听为主，记为辅。

3.切忌抄别人的笔记，因为只有自己亲自做笔记才会有效果和意义。

4.笔记要经常更新，要经常对笔记进行阶段性整理和补充，能够与时俱进，建立一个学习资料库，把所学的知识系统化、整合化。

5.课后要及时复习回顾笔记内容。

【案例分享】

《团队打造——转型核能》课程听课笔记现场绘制流程：

第一步：绘制中心主题——转型核能

第二步：绘制第一部分内容——竞争优势

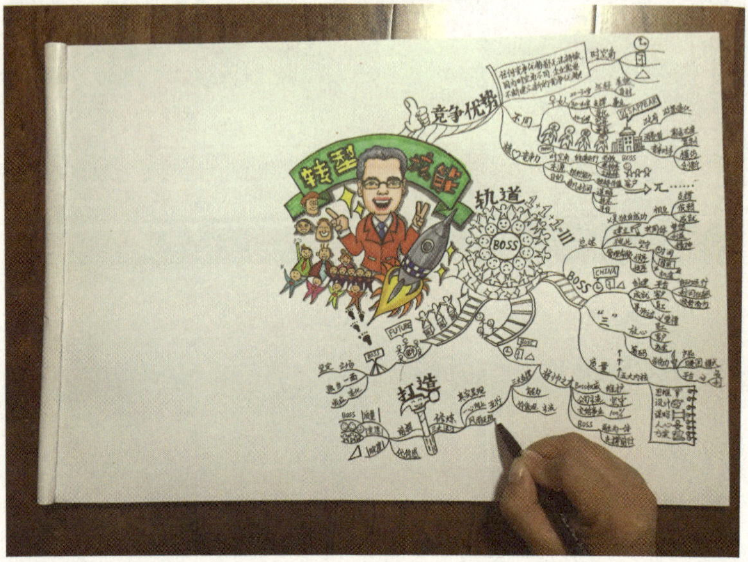

第三步：绘制第二部分内容——三大轨道

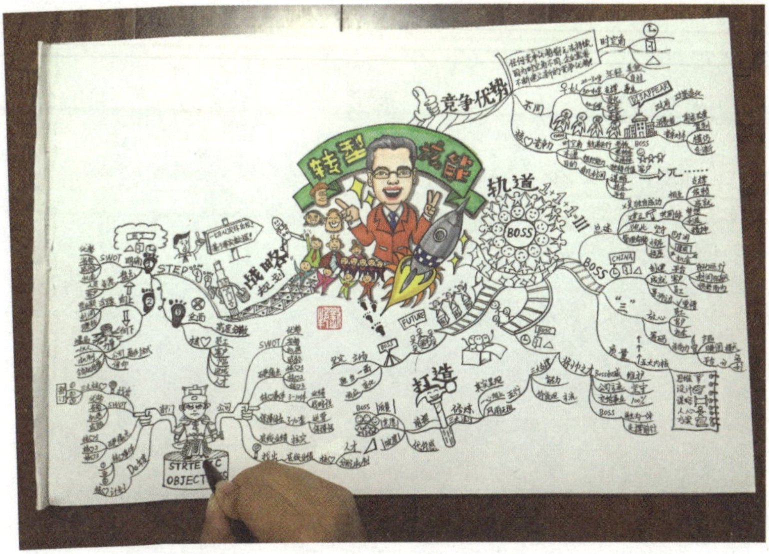

第四步：绘制第三部分内容——战略规划

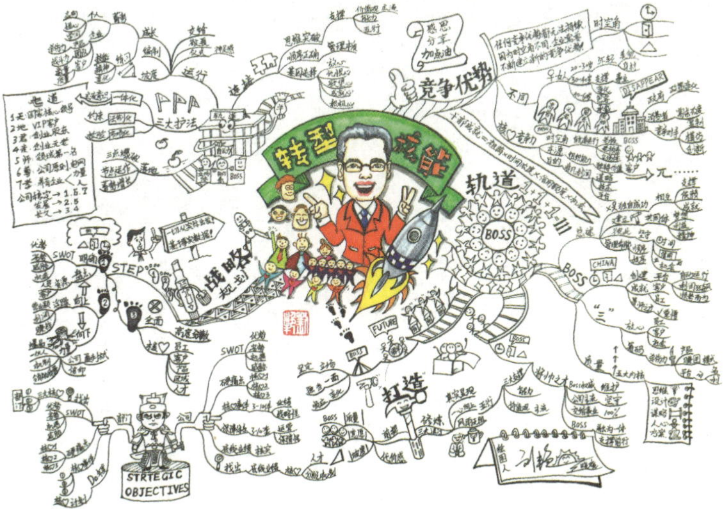

第五步：绘制第四部分内容——轨道运行

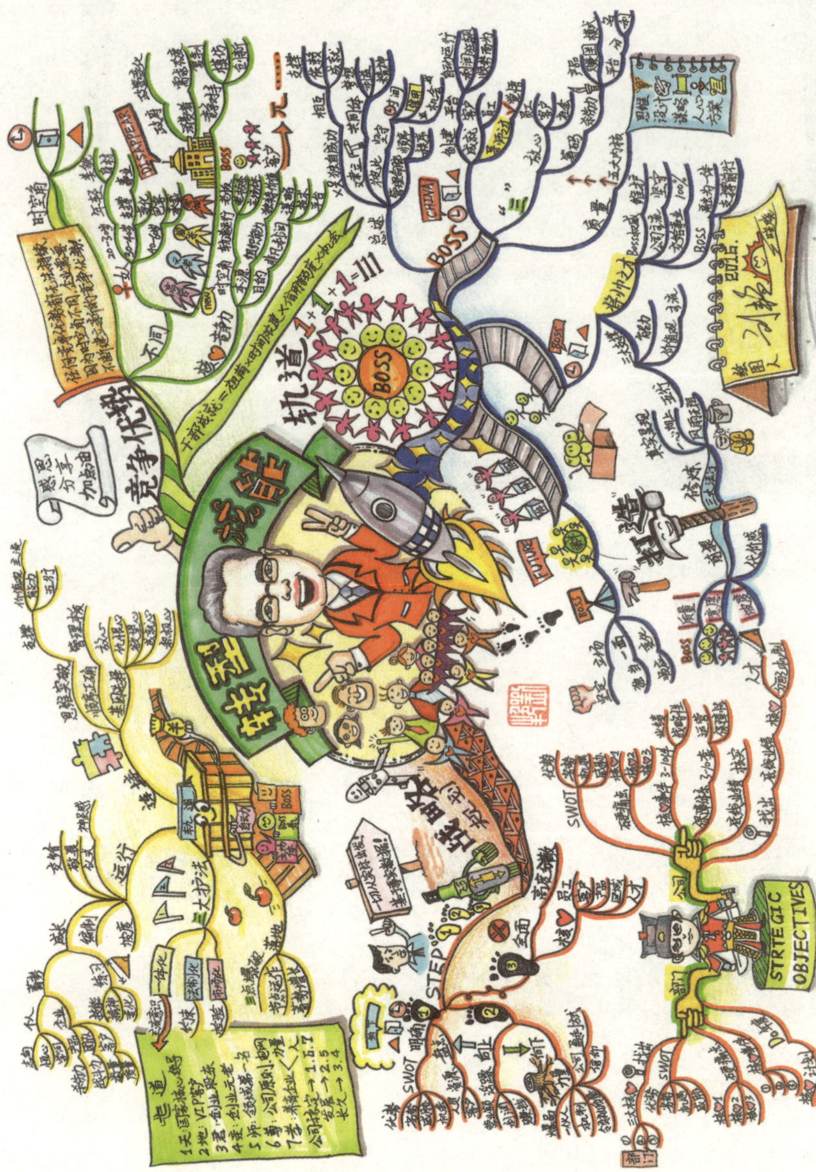

转型核能图

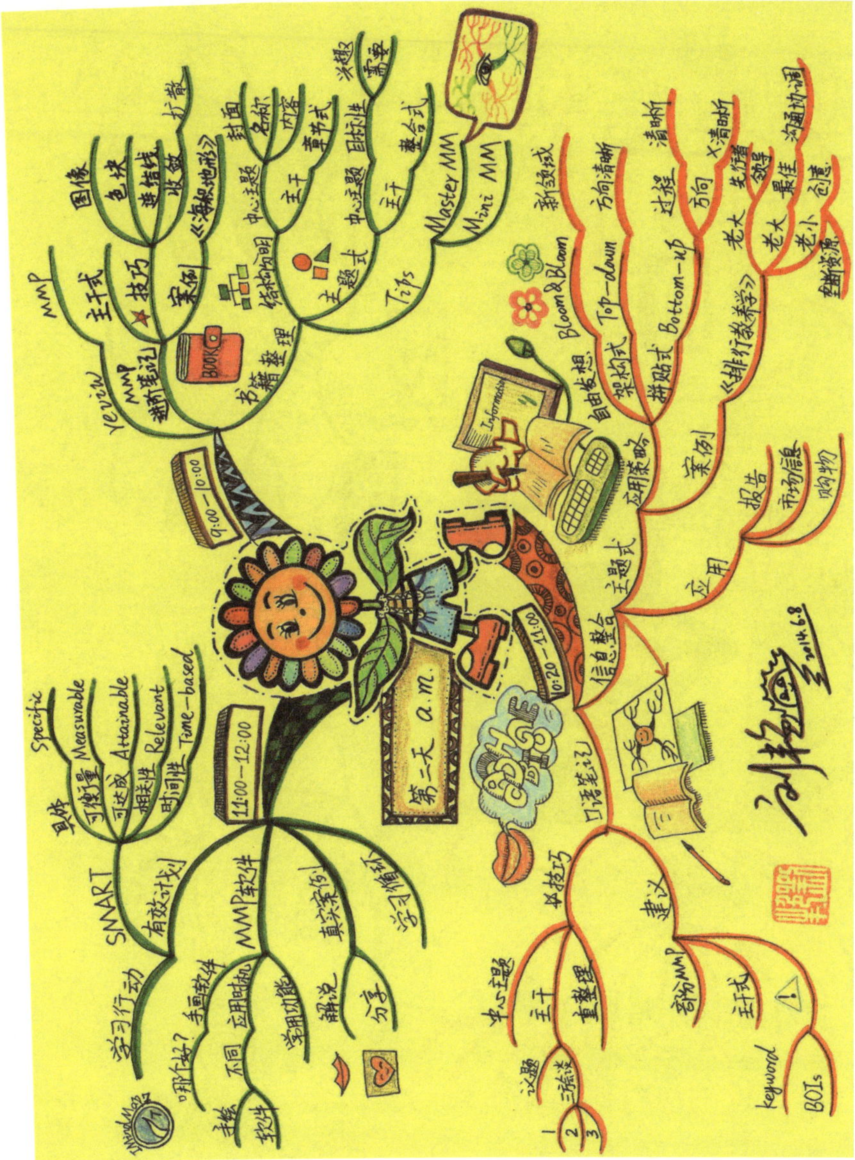
第二天 a.m.
9:00—10:00
10:20—11:00
11:00—12:00
review
MMP
Tips
Master MM
Mini MM
BOOK
Information
Bloom&Bloom
Top-down
Bottom-up
SMART
Specific
Measurable
Attainable
Relevant
Time-based
学习行动
有效计划
MMP软件
真实案例
学习指南
主题式
应用策略
信息整合
口语笔记
案例
应用
建议
keyword
BOIs
2014.6.8

课堂笔记图

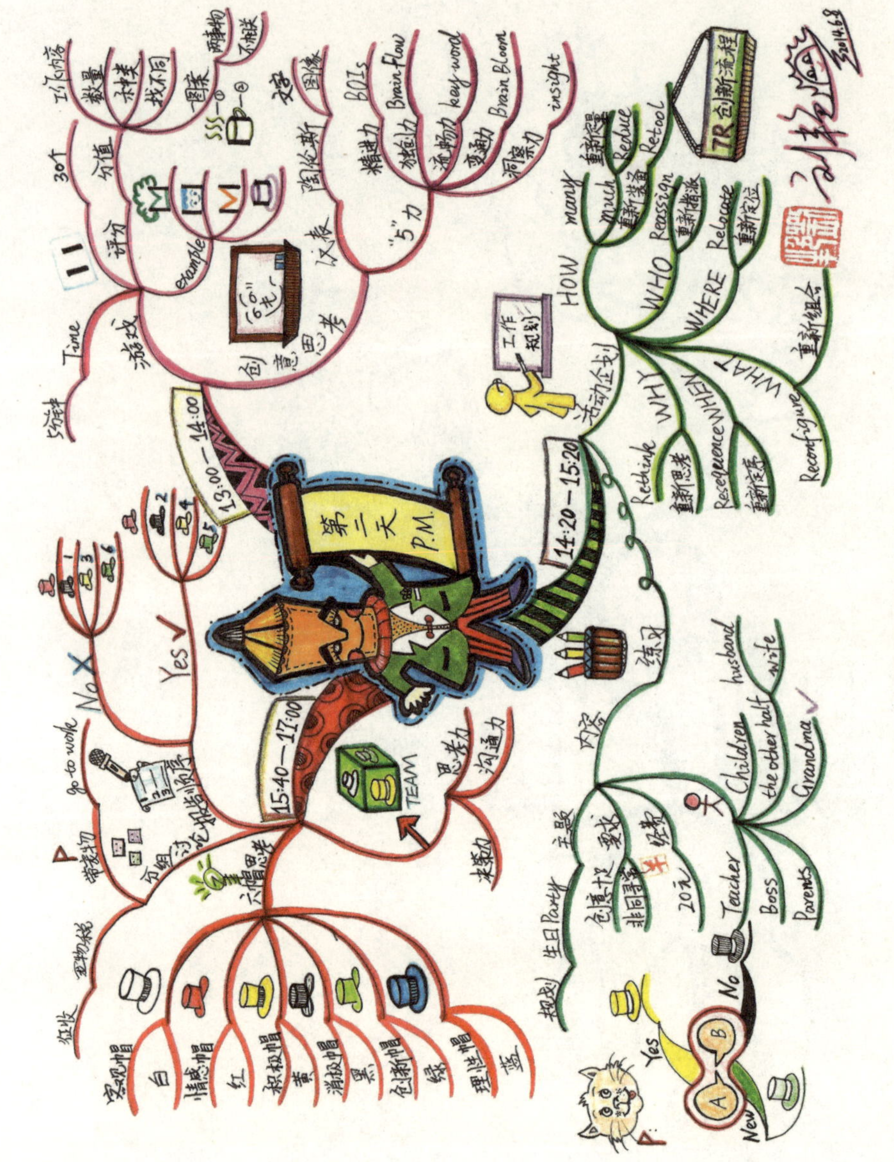
第三天 P.M.
13:00—14:00
14:20—15:20
15:40—17:00
Time
HOW
WHO
WHERE
WHAT
WHY
WHEN
Rethink
Resequence
Reconfigure
Reassign
Relocate
Reduce
Retool
7R创新流程
工作规划
TEAM
Yes
No
go to work
Children
the other half
Grandma
husband
wife
Teacher
Boss
Parents
Brain Flow
key-word
Brain Bloom
insight
example
白
红
黄
黑
绿
蓝

课堂笔记图

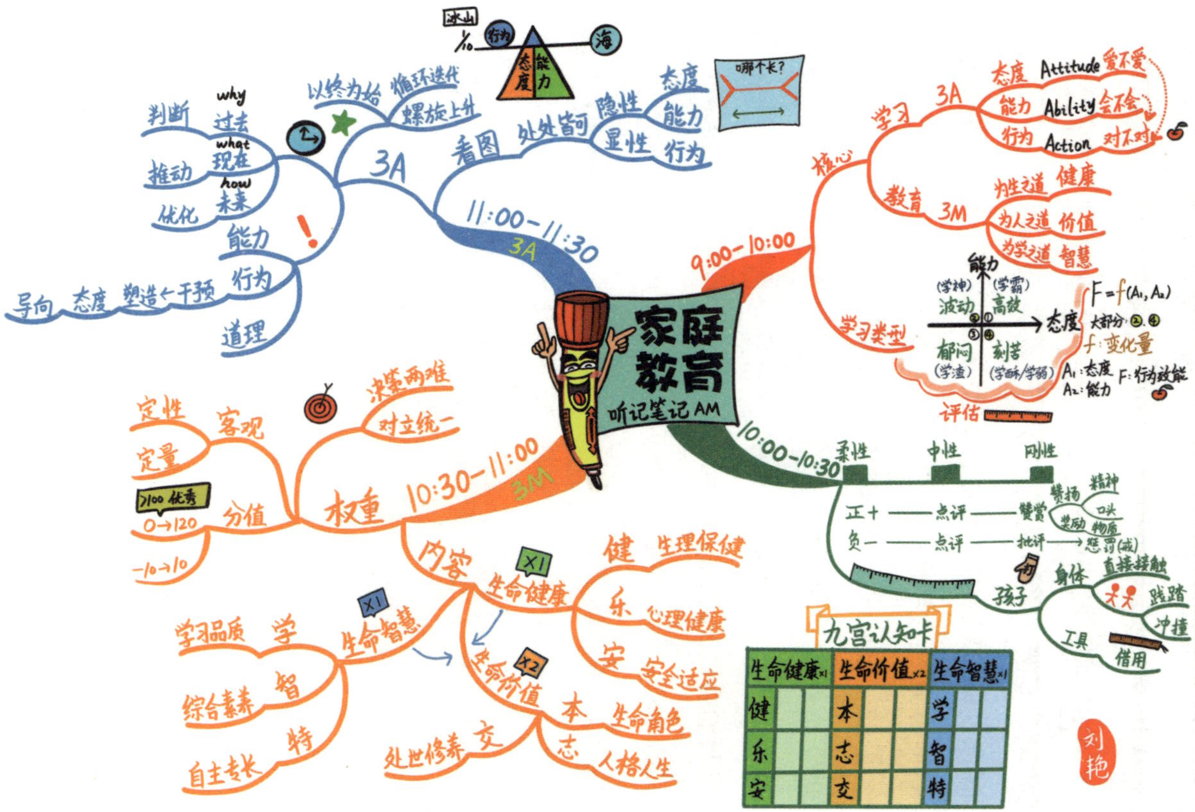

生命健康×1			生命价值×2			生命智慧×1		
健			本			学		
乐			志			智		
安			交			特		

家庭教育听记笔记图

作品解读：这幅导图，我是按照时间段来进行划分绘制的。每一个大纲主干代表一个时间节点，因为在做现场的课堂笔记时，你并不知晓主讲人接下来要讲什么内容，那么用时间节点划分内容是最为便捷的方式。在这幅导图当中穿插了一些可视化图形工具，例如：学习类型坐标轴，横坐标代表的是态度，纵坐标代表的是能力，第一象限：态度好、能力强的学生被称为“学霸”（高效型）；第二象限：态度差、能力强的学生被称为“学神”（波动型）；第三象限：态度差、能力差的学生被称为“学渣”（郁闷型）；第四象限：态度好、能力差的学生被称为“学弱”或“学酥”（刻苦型）。除了坐标轴之外，还涉及了“九宫格”“流程图”“金字塔图”等可视化的思维技术。所以我们在做笔记时不要拘泥于思维导图这种固定的形态，当我们具备一定的绘制经验之后，完全可以加入实用性的思维元素，使内容更具实效性，这也充分体现了思维导图具有一定的包容性。在绘制的过程中完全可以使用单色笔绘制，待课程结束之后，再用彩色笔上色，而上色的过程又是对内容的进一步复习和理解的过程！

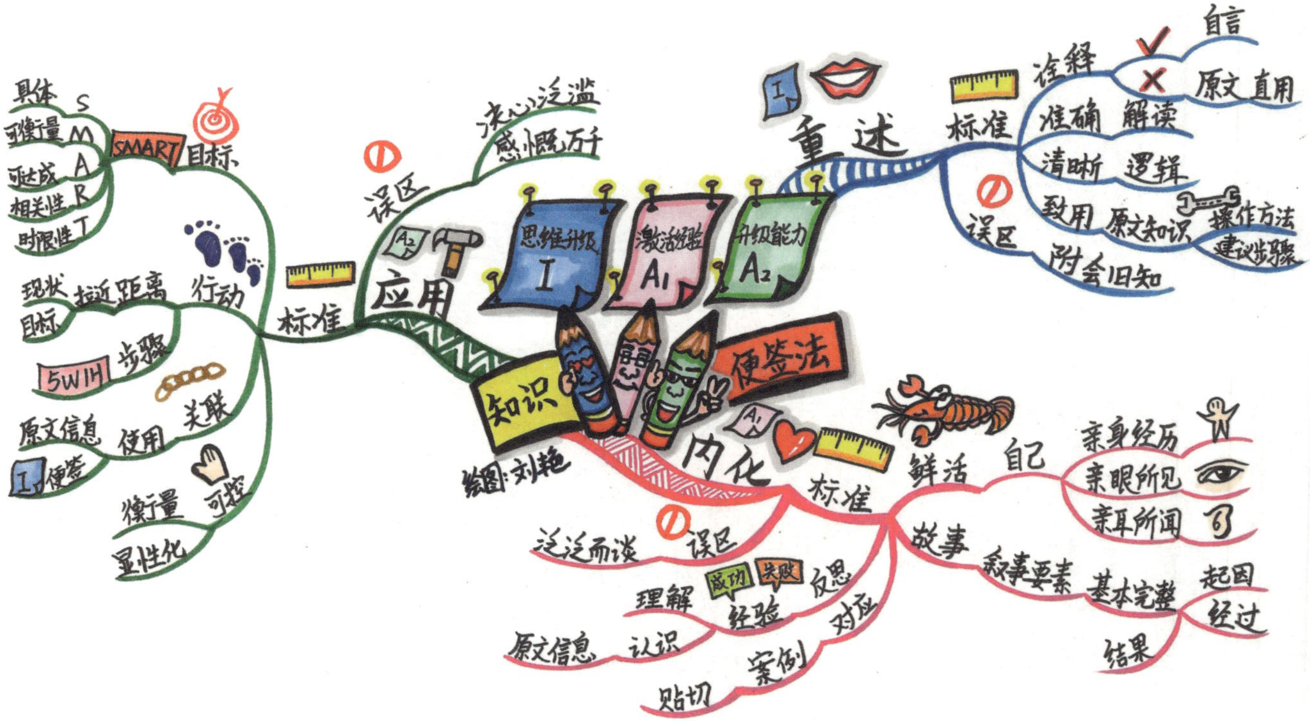
知识
便签法
思维升级 I
激活经验 A1
升级能力 A2
重述
标准
诠释
自言
原文直用
准确 解读
清晰 逻辑
致用 原文知识
操作方法
建议步骤
误区
附会旧知
内化
标准
鲜活 自己
亲身经历
亲眼所见
亲耳所闻
故事 叙事要素 基本完整
起因
经过
结果
误区
泛泛而谈
反思
成功
失败
经验
理解
认识
原文信息
对应
案例
贴切
应用
标准
目标
SMART
具体 S
可衡量 M
可达成 A
相关性 R
时限性 T
行动
拉近距离
现状
目标
步骤
5W1H
关联
使用
原文信息
I 便签
可控
衡量
显性化
误区
决心泛滥
感慨万千
绘图：刘艳

知识便签阅读法讲座

时间的朋友2020跨年演讲

SATIR
CONGRUENT
OTHER
Contact
attend Signals
show Respect
trust Accept
SELF
Signal attend
Breathe calm
Self-worth confirm
Becom centred
aware
CONTEXT
coping problem
deal Feelings
expectations Reframe
perceptions
Increase
choice
possibilities
META-GOALS
Have Higher Self Esteem
Be Better Choice Makers
Be More Responsible
Be More Congruent
COPING
BLAMING
SUPER REASONABLE
PLACATE
IRRELEVANT
LOOK
Ms. Sandy Novak
ICEBERG
Behaviour
action
storyline
Coping
stances
placate
blaming
reasonable
irrelevant
Feelings
joy
excitement
anger
hurt
fear
sadness
Feelings about Feelings
decisions
Perceptions
beliefs
assumptions
mind-set
subjective
reality
Expectations
of
self
others
from
others
Yearnings
loved
lovable
accepted
validated
purposeful
meaning
freedom
Self
essence
core
soul
spirit
life
force
I am
Liu Yan
MARGARET
2016.3.27

萨提亚课堂笔记图

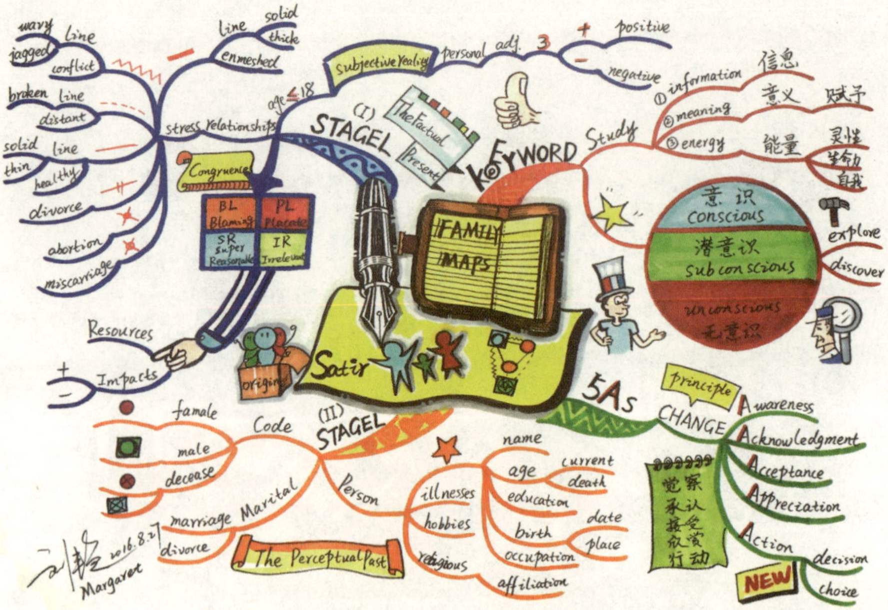

萨提亚课堂笔记图

视频音频听记

在做视频音频听记的时候，首先我们要做的就是明确自己的听记目的，我们是为了学习演说者的演说结构还是为了记住视频中的重要内容。我们的目的决定了我们记录的角度，我们关注的焦点决定了我们记录的收获。通常情况下，我们可以根据视频的特点预先设定主干模式，也可把大纲主干上关键词的位置留白，待听记完一定内容后进行阶段性总结时，再用一个关键词概括出刚刚听记过的整部分内容。只要经过反复的练习，每个人都可以成为听记高手！

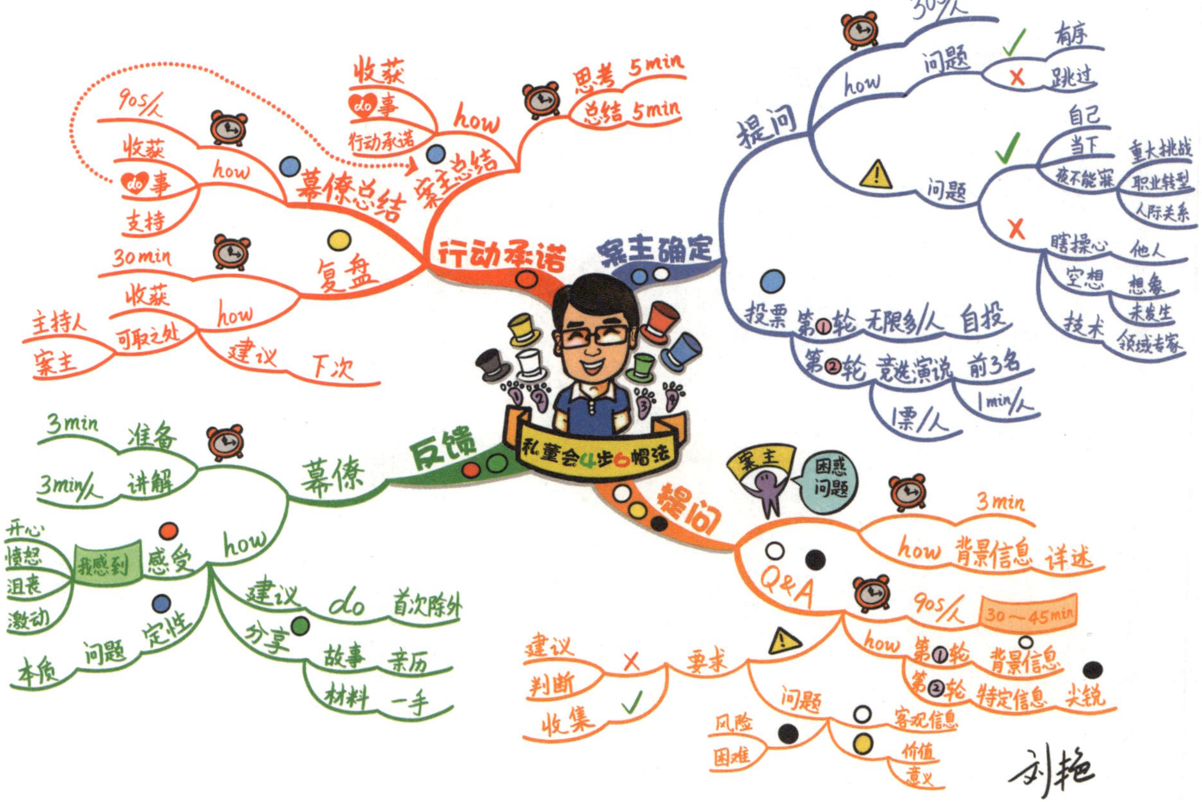
私董会4步6帽法
案主确定
提问
how
问题
30S/人
有序
跳过
自己
当下
夜不能寐
重大挑战
职业转型
人际关系
瞎操心
他人
空想
想象
未发生
技术
领域专家
投票
第①轮 无限多/人 自投
第②轮 竞选演说 前3名
1min/人
1票/人
提问
案主
困惑问题
Q&A
how 背景信息 详述
3min
90S/人
30～45min
第①轮 背景信息
第②轮 特定信息 尖锐
问题
客观信息
价值
意义
风险
困难
要求
建议
判断
收集
反馈
幕僚
准备 3min
讲解 3min/人
how
感受
我感到
开心
愤怒
沮丧
激动
定性
问题
本质
建议
do
首次除外
分享
故事
亲历
材料
一手
行动承诺
思考 5min
总结 5min
how
收获
do事
行动承诺
案主总结
幕僚总结
90S/人
支持
复盘
30min
可取之处
主持人
案主
建议
下次
刘艳

私董会4步6帽法

第一条大纲主干：案主确定（蓝帽/白帽）

1、提出问题

时间：发言30秒/人

做法：按照顺序每人提出问题，没有问题就跳过。

注意：适合在私董会讨论的有关于自己的、当下的和夜不能寐的问题均可。

不适合在私董会讨论的有瞎操心、空想、技术方面的问题。

2、投票选案主

第1轮投票：每人无限多的票，可以自己投自己。第2轮投票：票数最多的前3名进行1分钟竞选演说，1人1票 。

第二条大纲主干：提问（白帽/黄帽/黑帽）

1、案主讲问题 ：进一步详细阐述问题的相关背景信息。

2、提问与回答 ：第1轮提问陈述背景信息；第2轮提问陈述比较尖锐的特定信息。

注意：不要提建议或下判断，只能收集信息。例如，需要问澄清事实性的信息问题（白帽子）；问关于价值、意义的问题（黄帽子）；问关于风险、困难的问题（黑帽子）。

第三条大纲主干：反馈（红帽/绿帽）

时间：准备3 分钟 ，每人讲解3 分钟。

做法：感受方面，我感到开心、愤怒、沮丧、激动；定性方面，我认为案主真正的问题是什么；分享方面，讲一个自己经历的故事或者其他第一手材料。

第四条大纲主干：行动与承诺（红帽）

1、案主总结：请案主出去独自思考，幕僚可以休息。想一想今天有什么收获，接下来最想做什么，作行动承诺。

2、幕僚总结：今天有什么收获，接下来最想做什么，可以给予案主什么支持。

3、私董会复盘：每个人阐述自己最大的收获，主持人和案主的可取之处以及对下次私董会的建议。

视听记录本身就有一定的难度，因为我们听到的内容是稍纵即逝的，所以必须要有敏锐的捕捉要点的意识，及时地运用导图把重要的信息记录下来。

思维导图绘制写作大纲

记得我们初学写作文的时候，常常会遇到文思不畅的情况，就是说不知道先写什么后写什么，头脑中没有形成思路，没有一个整体的逻辑架构。无论以什么样的内容开头都会感觉内容贫乏，索然寡味。究其原因是“腹笥太俭之过”，也就是说肚子里的墨水太少了，疗治之方就是应该多读书。“读万卷书，行万里路”固然可以充实学问增广见闻，主要的还是有赖于思想的启发，否则纵然腹笥便便，搜章摘句，也不过是诠释之学，不一定能够达到“文若春华，思若涌泉”的地步。想象不充，联想不快，分析不精，辞藻不富，这是造成文思不畅的主要原因。

行文思路很重要，思路是写作的核心。思考力能彰显出你的写作能力。思维导图在写作的过程中可以帮助我们很好地构思，列好写作大纲。思路，是个比喻的说法，把一篇文章比作思想走的一条路。思想从什么地方出发，如何一步一步地向前走，最后达到这条路的终点，都要踏踏实实摸清楚，这就是注重思路的开展。

思维导图绘制写作大纲的步骤

1.审题立意

审题时运用发散性思维，帮助我们打开思路，捕捉灵感，尽可能多地想出各式各样的角度，从而找到创新点。

立意时运用聚合性思维，将多种立意角度概括归类，明晰思考的方向，选取其中最佳角度。

2.构画导图

借助思维导图构思的过程，可以把我们的写作思路由抽象变为具象，能够在纸上完整清晰地呈现出来。首先我们要做的就是确定立意，展开联想，一边构思，一边构图。在绘制思维导图的过程中，我们的思维会逐渐由自由发散到定向聚合，便可以快速搭建出写作的框架了：

（1）拟定题目

（2）明确主旨

（3）确定体裁

（4）安排结构

（5）罗列内容

a.思考好文章开头的方法：开门见山，亮明观点；巧用修辞，展示文采；开篇引用，突出主题；悬念引入，吸引读者；描写环境，烘托背景；等等。

b.安排好材料的组织顺序：先写什么，后写什么。

c.选择好重点内容：标明“详”“次详”“略”的字样。

d.确定好文章结尾的方法：首尾呼应，凸显主题；抒情议论，升华中心；呼唤号召，言为心声；借助修辞，卒章显志；巧妙发文，引人深思。

3.完善导图

这个过程属于结构内容调整、补充和完善的过程。

4.依图行文

俗话说得好，“借得佳句成华章”，也就是说要学会“引用”。因为名言佳句的出现会为文章锦上添花。根据导图写作大纲开始行文。

【案例分享】

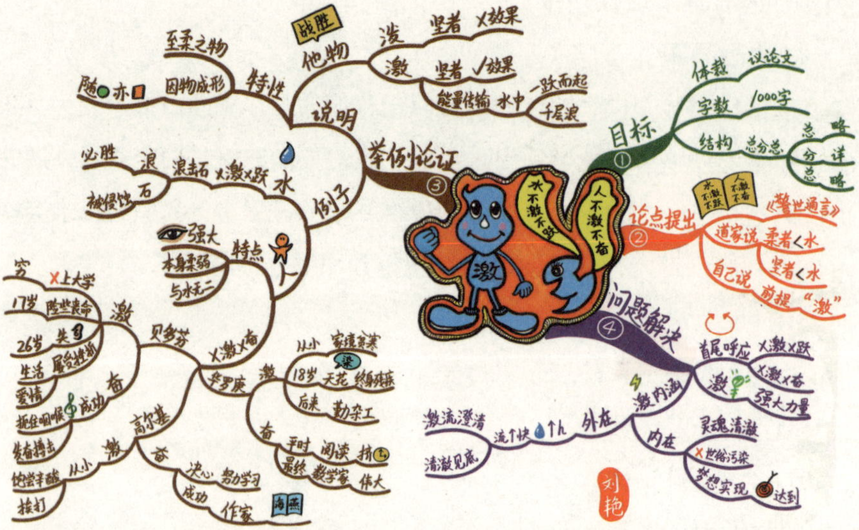

以“水”为话题的议论文大纲图

作文大纲图 王子为/绘

作文大纲图　王子为/绘

写作大纲图　王子为/绘

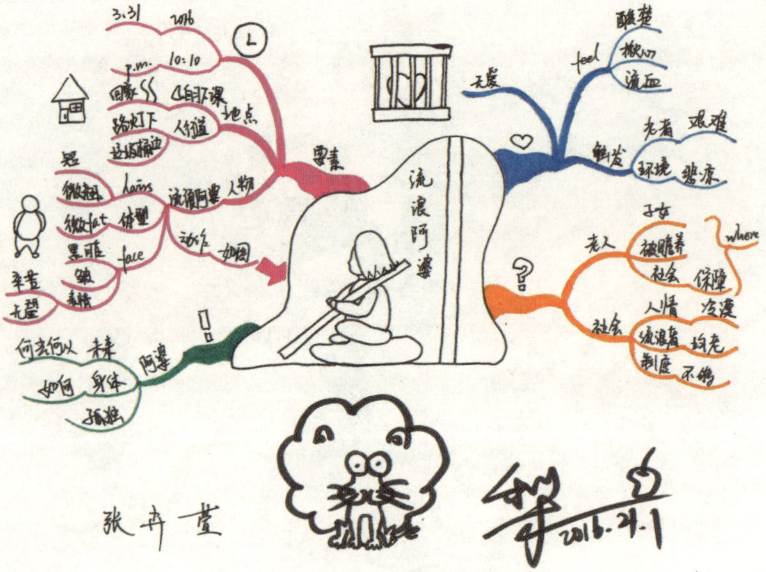

流浪阿婆图 张卉萱/绘

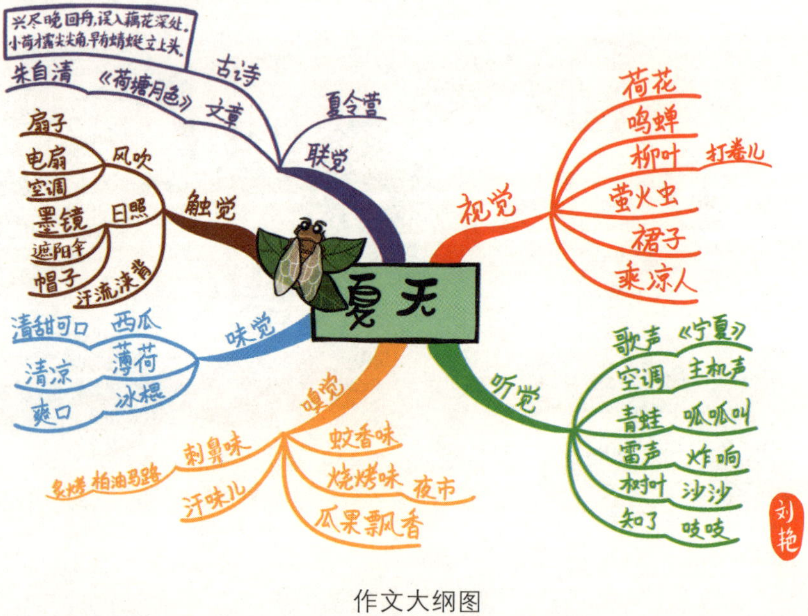

作文大纲图

中高考作文案例分享

【2014北京高考作文真题】（50分）

北京过去有许多老规矩，如“出门回家都要跟长辈打招呼”“吃菜不许满盘子乱挑”“不许管闲事”“笑不露齿，话不高声”“站有站相，坐有坐相”“做客时不许随便动主人家的东西”“忠厚传世，勤俭持家”等，这些从小就被要求遵守的准则，点点滴滴，影响了一辈辈北京人。

世易时移，这些老规矩渐渐被人们淡忘了。不久前，有网友陆续把一些老规矩重新整理出来贴到网上，引发了一片热议。

“老规矩”被重新提起并受到关注，这种现象引发了你哪些思考？请自选角度，自拟题目写一篇文章，文体不限，不少于700字。

应用思维导图审题，做个简单的导图解析：

2014北京高考作文解析图

作文解析：

第一个大纲主干：题目归类。材料作文，话题类，对比关系、一事多解关系。

第二个大纲主干：关键词。“老规矩”和“淡忘与热议”。

第三个大纲主干：思路点拨。第一个分支：北京的“老规矩”在淡忘之后，重新提起又受到关注。这则材料具有很强的现实性，与当前对家风的探询有关联。第二个分支：中国古代一直强调“修身，齐家，治国，安邦，平天下”。第三个分支：个人修养是社会风气之本，对一个国家的文化和道德净化有很大的作用。正是个人精神传统的缺失，一定程度上加剧了中国社会的道德滑坡，小到个人的不尊重父母，大到社会上的老人讹路人，都折射出了某些人已经失去了道德的标杆，缺乏一种正人正己的力量。因此，重建中国的精神伦理传统十分必要，人心的改变、风气的改变是从个人伦理操守的形成开始的。当然，“老规矩”可能也有保守落后的一面，必须辩证分析；老规矩也必须与时俱进，吸纳新风尚中的合理部分，这样，推陈出新的“老规矩”才能焕发出持久的活力。

第四个大纲主干：具体立意可以有五点：①礼仪是成人之本；②坚守做人准则；③老规矩，新青年；④老规矩要走进新时代，新时代要吸纳老规矩；⑤老规矩朽矣。

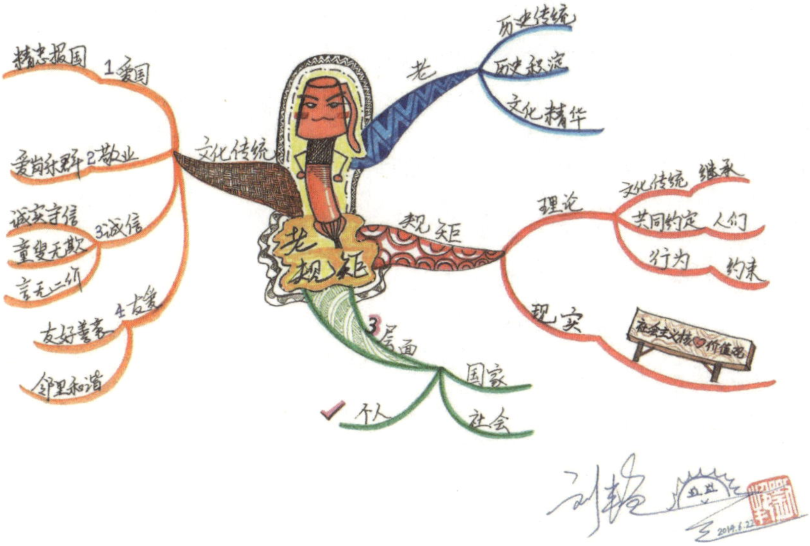

“老规矩”解析图

作文解析：

第一个大纲主干：“老”是指历史传统、历史的积淀、文化的精华。

第二个大纲主干：从理论方面来说，“规矩”是指对文化传统的继承，是人们共同的约定，是对人的行为的约束。从当前现实来讲，这实际上是社会主义核心价值观的体现。

第三个大纲主干：“北京老规矩”有三个层面，即国家、社会和个人。而今天北京高考作文所指的主要是对个人范畴的要求。

第四个大纲主干：在北京，我们的“老规矩”，即好的文化传统很多。首先是要“爱国”，要精忠报国；其次是要“敬业”，要敬业乐群；再次要“诚信”，要诚实守信，童叟无欺，言无二价；最后要“友爱”，要友好善意，邻里和谐。

这些“北京老规矩”，实际上都是在践行社会主义核心价值观，是通过日常的生活、活动，通过人们的学习、考试，对中国优秀的传统文化的恢复。这些“北京老规矩”的恢复、提倡，是社会、家长的责任，是一种文化的认同，是社会主义核心价值观的认同。

【2016年西安中考题】（10分）

用创意表达感恩，孝亲敬长，是中华民族的传统美德，学校举办以“感恩”为主题的创意设计大赛，请你给自己的长辈设计一款生活用品，以表达自己的感恩之情。你仔细回想长辈们的生活情景，梳理他们的需求（如服饰、娱乐等方面），用思维导图的方法，进行发散性思维，寻找自己的最佳创意点。

（1）完成下面思维导图，展示你的思维过程。（4分）

请将你梳理出的需求，任选三个方面填入下面思维导图的方框内，然后选择其中一方面的需求，创新设计一款生活用品，并将其名称填入下图的椭圆框内。

（参照导图中服饰方面的分支示例）

（2）请对你所设计的生活用品进行创意说明，含用品名称、独特功能、使用说明。（6分）

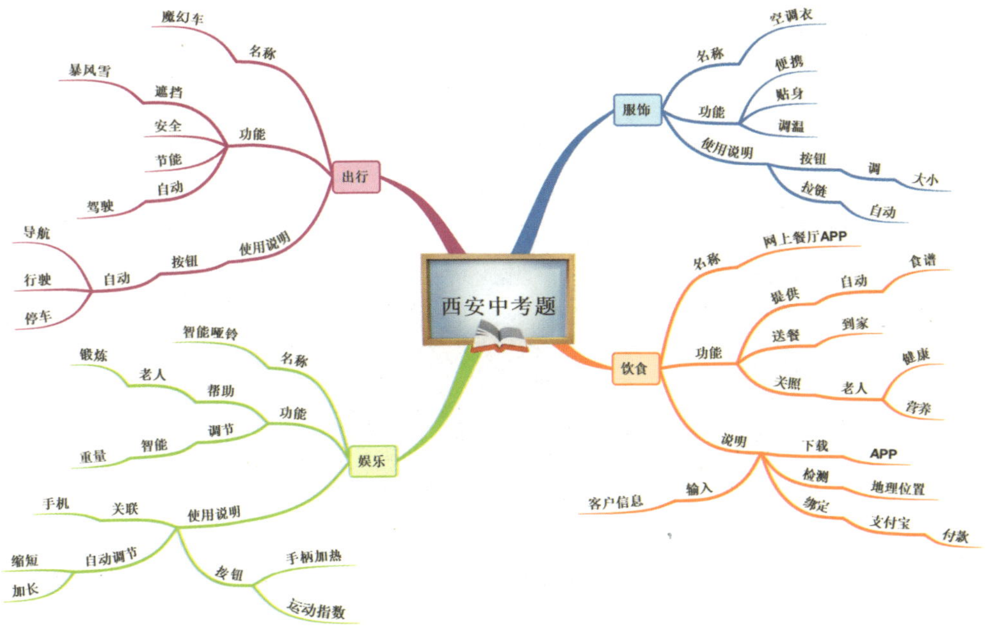

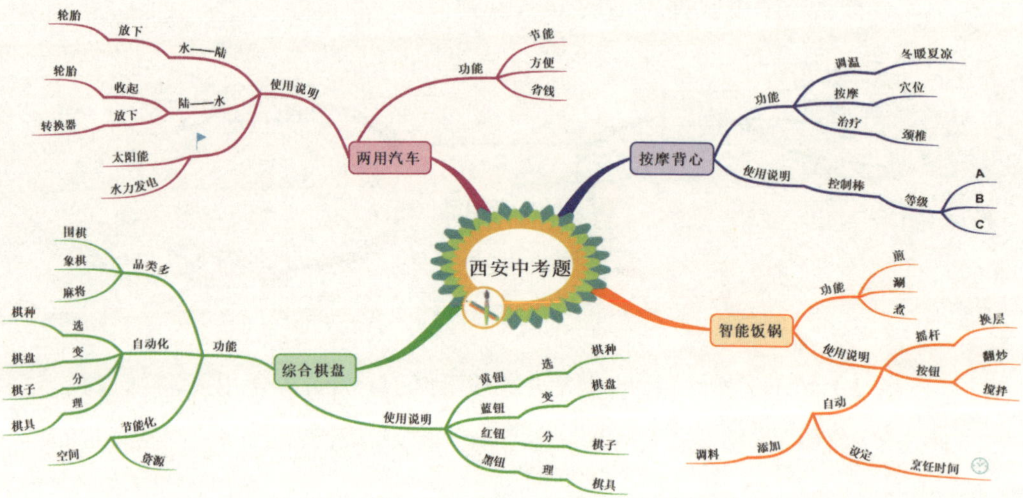

作文模型

☆思维导图模型——记叙文

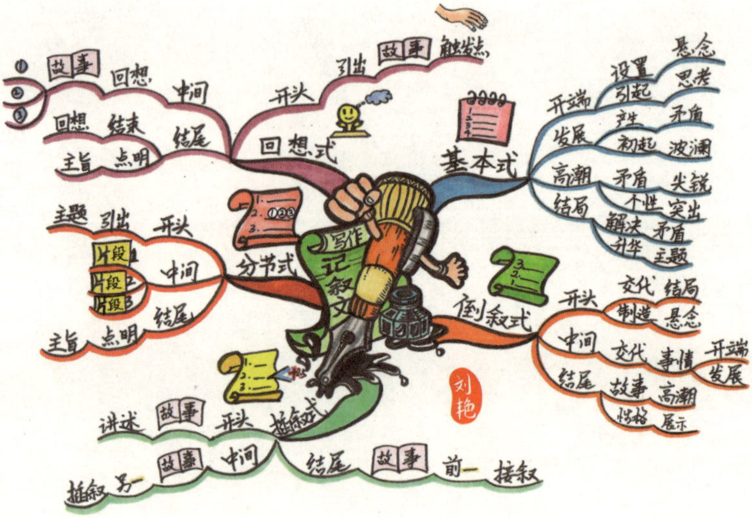

记叙文写作图

第一大纲主干：基本式模型

记叙文最常见的结构形式是按时间的先后顺序，依次展示事件的开端、发展、高潮和结局，文章中的故事有头有尾。这种结构形式，能使情节发展阶段明显，层次清晰，适用于叙述有一定起伏的故事。运用此模板，要注意精心剪裁，使文章详略得当。

第二大纲主干：倒叙式模型

倒叙是根据表达的需要，把事件的结局或某个最重要、最突出的片段提到文章的前边，然后再按事情发展先后顺序进行叙述。采用倒叙手法，能增强文章的生动性，使文章产生悬念，更引人入胜。倒叙的类型大致有以下三种：一、把结局提前；二、把中间扣人心弦的部分提前；三、由眼前事物引起对往事的回忆。运用倒叙要交代清楚起点，倒叙与顺叙的转换处要有必要的文字过渡，做到自然衔接。

第三大纲主干：插叙式模型

插叙的内容对主要情节或中心事件做必要的铺垫、照应、补充、说明，使事件更完整，结构更严密，内容更充实。使用插叙时，一定要注意前后的照应和过渡。插叙的方法有两种：一种是直接插进来进行叙述、介绍、说明，另一种是通过人物的回忆、思念、想象等心理活动进行叙述。

第四大纲主干：分节式模型

一个故事，总有一个发展历程，或是经历一个相当长的时间段。而写作时往往不可能完整地叙述整个过程，我们可以截取故事中的某几个片段，分节来叙述故事内容。分节的方法可以是一、二、三的形式，也可以是小标题的形式，还可以使用蒙太奇式的“镜头一”“镜头二”“镜头三”的形式。这样每个标题下面都有独立的故事或是场面描写，思路清晰，结构严谨。运用这种结构要注意：并列的几部分内容应该各自独立，但又紧紧围绕着一个中心。

第五大纲主干：回想式模型

这种模板指的是借助某个触发点，将存在于脑海中的故事一一呈现出来。这个触发点可以是考试题目，可以是文章主旨，还可以是某种感情或思绪。文章由触发点引起故事，由故事回到触发点，最后点明文章主旨。

☆思维导图模型——议论文

议论文写作图

第一大纲主干：基本式。论证结构是议论文的关键。议论文的基本论证结构是“三段式”：引论——本论——结论。即文章开头提出中心论点；主体部分从不同角度进行分析，并分别结合具体事例加以阐述和论证；结尾部分总结中心论点，照应开头。

第二大纲主干：起承转合式。文章的第一部分是“起”，也就是“破题”，把题目的主旨点出；文章的第二部分是“承”，用第一段或数段文字，通过正面的事例或论点，支撑你在破题段落中阐明的基本观点；文章的第三部分，宕开一笔，树立一个对立面，然后对反面的观点加以驳论，这就是“转”；文章的最后一部分便是“合”，也就是一个归纳总结，给出结论性的意见。

第三大纲主干：变式。分论点并列式要求文章开头提出中心论点，主体部分用具有并列关系的两个或两个以上的分论点来分层论述，结尾深化、总结要点。但是要特别注意：避免从同一角度选择论据。一般来说，几个分论点是并列关系，但写作时最好将重要的分论点放在前面，次要的放在后面，使论证顺序更合理。

分论点递进式要求将中心论点分成几个分论点，这几个分论点之间是递进的关系。后面的论证是在前边论证的基础上进行的，一环扣一环，显示出清晰严密的逻辑关系。

分论点对比式指的是文章由两个部分构成，两个部分正反对比、转折补充或辩证分析，论证严密全面。文章采用正反对比式结构时，可以先正后反，形成鲜明对比，增强说理效果；可以先反后正，突出并强化观点，增强说理的针对性。

☆**思维导图模型——散文**

散文写作图

第一、第二、第三大纲主干：散文是一种以记叙或抒情为主，取材广泛、笔法灵活、篇幅短小、情文并茂的文学样式，包括杂文、随笔、游记等，其最突出的特点是“形散神不散”。散文的“形”是散文的结构，散文的“神”是散文的主旨和中心。“形散”是指取材自由、不受时空限制；“神不散”是指立意必须明确而集中，即一条线索自由组织材料，集中地表现中心思想。因为散文主要以记叙、写景抒情或议论为主，这样就有了叙事散文、写景抒情散文和议论散文的分类。线索是贯穿整篇散文的“筋节”，标题是散文的“眼睛”。

第四大纲主干：片段组合式模板

这种模板指的是围绕一个共同的主题，选择一个个意蕴深刻、意境优美的片段，将其拼接起来，使其成为一篇优美的文章，它是电影“蒙太奇”手法在作文中的运用。这种散文模板意味深长，因为是用诸多片段组接形成文章，因此文章从形式上看比较散，文章每一个片段都可以写得很精美，用恰当的字句抒发对某方面的深刻体悟。

☆**思维导图模型——小小说、书信体、日记体**

小小说 & 书信体 & 日记体图

第一大纲主干：小小说模板

小小说又叫微型小说、超短篇小说，其特点是“小”，篇幅短，人物少，情节简单。在具体构思行文时，选材上要注意截取生活中的一个片段、一个剪影、一个镜头；布局上力求单纯，塑造人物多用白描手法，力求寥寥几笔就能使人物神采飞扬；结尾要新奇，追求一种既在情理之中又在意料之外的艺术效果。

第二大纲主干：书信体模板

书信是我们生活、工作、学习中使用最广泛的一种应用文体。这种文体，可以议论，可以叙事，可以描写，可以抒情。它针对性强，可以无拘无束地与收信对象交谈。写作书信时，一定要按照书信的格式来。书信包括称呼、正文、结尾、署名、日期五个部分，缺一不可。

第三大纲主干：日记体模板

日记体作文一般由几则日记连缀而成，这些日记之间，应该在内容上相互关联。在开头可以由叙述的文字引出日记，结尾也可有总结的文字。几则日记之间无须叙述的语言连接，情节的发展暗含于日记的内容之中。日记中的时间跨度可以很大。

思维导图阅读书籍

读书，是一个长期的需要付出辛劳的过程，不能心浮气躁、浅尝辄止，而应当先易后难、由浅入深，循序渐进、水滴石穿。哪怕一天挤出半个小时，即使读上几页书，只要坚持下去，必定会积少成多、聚沙成塔，积跬步以至千里。读书可以让人保持思想活力，让人得到智慧启发，让人滋养浩然之气。互联网时代，网络让我们漂流在信息海洋的表面，而阅读书籍将带我们向下深潜，汲取深藏水底的精神清流！

有很多人都会问，我们为什么要学会高质量阅读书籍呢？因为我们一生中，如果只靠自己的社会体验是很苍白的。一个人不读书，境界会越来越低。我们有那么多的先贤，他们在自己的生活经历中给我们写下了那么多的精华，我们不去看确实是很可惜的。只有读书才能解决“学而不思”和“思而不学”的问题，在读书中才会有学有思，才会减少自己的盲目性。所以，读书是一个思和学的结合，改变自己的知识结构，填补自己大脑空白的一个必要的途径。

养成读书的好习惯是提高理解能力的有效途径之一，书籍不仅能带给我们新鲜的资讯，也会给我们打下坚实的知识基础，增强自身的文化底蕴，视野也会变得更加开阔，看问题的角度会更为广阔。

读书的三境界

王国维在《人间词话》中说：“古今之成大事业、大学问者，必经过三种之境界。‘昨夜西风凋碧树，独上高楼，望尽天涯路。’此第一境也。‘衣带渐宽终不悔，为伊消得人憔悴。’此第二境也。‘众里寻他千百度，蓦然回首，那人却在灯火阑珊处。’此第三境也。”王国维认为治学第一境界是，“昨夜西风凋碧树，独上高楼，望尽天涯路”，做学问、成大事业者，首先要有执着的追求，登高望远，瞰察路径，明确目标与方向。第二境界说，“衣带渐宽终不悔，为伊消得人憔悴”，比喻成大事业、大学问者，不是轻而易举，随便可得的，必须坚定不移，经过一番辛勤劳动，废寝忘食，孜孜以求，直至人瘦带宽也不后悔。第三境界为最高境界，“众里寻他千百度，蓦然回首，那人却在灯火阑珊处”，做学问、成大事业者，要达到第三境界，必须有专注的精神，反复追寻、研究，下足功夫，自然会豁然贯通，有所发现，有所发明，就能够从必然王国进入自由王国。

古人治学讲究“厚积薄发”，所以第一阶段，重点在于“独上高楼，望尽天涯路”，这是看，要博览；其次就是要思考，《论语》中讲“学而不思则罔”。看了那么多东西，就会互相比较，和自己的经历比较，就有所得，就外显“衣带渐宽终不悔，为伊消得人憔悴”；然而，最终的成就要返璞归真，也是《大学》中说的“在明明德”“在止于至善”，也是《老子》中的“地法天，天法道，道法自然”。学习的最后是体悟自然的规律，顺应于这个规律“从心所欲不逾矩”。初能望文生义，死记硬背，可小成；进能变通运用，巧舌如簧，有一得；终能深入浅出，知行合一，方大就。

读书的三类型

积累性读书。不管这本书是不是需要的，都要拿来翻一翻，浏览不是全部都要看，而是需要的内容就要仔细认真看。因为书里都是交叉性的东西，需要积累的东西光看封面是不知道其内容的。封面、主题、章节反映不了的东西，只有浏览之后才会深刻了解。只有有了积累性阅读，才会由专到博，才不会只盯着自己的专业书籍越走越窄，否则就会变得孤陋寡闻，就不会从其他角度看问题，只知其一，不知其二。所以我们可以尝试着利用碎片化时间多做积累性阅读，拓宽自己的知识面。因为思维导图这个工具可以把我们大脑中现有的知识信息通过可视化的方式淋漓尽致地呈现出来，如果我们本身不懂某方面的内容，是不能够一一清晰呈现的。

目的性阅读。弗朗西斯·培根曾经说过这样一句话：“有些书可供一尝，有些书可以吞下，有不多的几部书则应当咀嚼消化。”我们要学会带着目的去阅读。很多时候，我们会陷入漫无目的的阅读中，整个过程比较单调，就好像在完成一项任务一样，读过后很难会再次阅读，在大脑中不会留下任何记忆痕迹，真正吸收到的信息极其有限。阅读一本书，首先我们要明确自己的阅读目的是什么？1.获取特定的信息；2.搜寻重要的细节；3.回答具体的问题；4.评价和应用阅读的内容；5.让自己身心愉悦。运用思维导图，开展有目的性阅读，根据自己的需求自由调节读书的节奏，重视目标阅读的内容和自己的感受，直到理解为止。在绘制的过程中要有主动性，真正消化书中的信息，深入理解书中的要点和思想，使书中核心的内容变为自己的东西，并且可以随时提取出来使用，真正学会活学活用。

习惯性阅读。比如我们读《道德经》，是指你要反反复复地读，那里蕴藏着古人太多的智慧结晶，想要学习前人的思想精华，有些书就是要反复地读。这时候我们一定要学会放下自己的小聪明。因为经典从来都是用来反反复复地看，别轻易说懂，因为人不过是文明的过客。每天读书，我们其实都是在寻找和自己的价值观相匹配的东西，然后在生活中践行、反省、消化，长出属于自己的价值观。我们的嘴里表达什么其实不重要，重要的是自己平时都在思考些什么，这才是一个人的厚度。

这三种类型的阅读，我们都应该有，习惯性地复读就是一个打基本功的过程。语感就是在阅读的过程中产生的，读书越多越好，一定要习惯性复读，案头上永远放本书，有时间就读，这些零散的时间都可以利用，不要总是想用整段的时间来读书。重复对大脑至关重要，

每当我们接触一样新的东西，我们在脑细胞之间会创建一个新的记忆。在学习和思维的时候，如果有重复的次数，就可以增强我们的长期记忆力。比如在学习新的科目时，如果你有安排后续的时间做5～7次的复习，大脑就能很容易记下内容。大家平日一定要勤于动笔

画导图，尝试用导图做读书笔记，因为只有这些导图阅读笔记才是超越时空的。学会把零散的时间集中起来，成就一个完整的思想，不要懒惰，要知道勤能补拙。

记忆阅读重点内容的方法

当你阅读一些需要记忆的重点内容时，可以遵循以下6个步骤：

1.评估材料。定义你的阅读目的，明确你感兴趣的程度和材料的难度。

2.选择技巧。根据自己的阅读目的，选择合适的阅读技巧，这时可以运用记忆法和思维导图辅助阅读，尤其是运用思维导图做阅读笔记非常实用。

3.明确重点。让阅读目的决定记忆内容，运用思维导图的逻辑架构识别内容间的关联性，通过关联回忆细节。

4.巧记笔记。用思维导图整理关键内容，用放射状的结构模式表示内容的相互关系，从而增强你的记忆力。

5.检查回顾。在你回想材料之前，起码复习三次思维导图笔记。第一次复习应该在完成材料阅读的不久之后，第二次是数天之后，最后一次是需要回想材料之前。

6.学以致用。学习小组和课堂讨论就是让你学以致用的最佳机会。参加小组讨论会与他人分享，一张全书的思维导图可以大大帮助你回想起学过的内容。

对于学生来说，阅读方面包括延展型、鉴赏型和知识型三大类。延展型指那些与教科书内容相关的文章，有助于进一步加深对平日所学课文的理解；鉴赏型指那些文学作品，有助于大家丰富底蕴、增进文学素养；知识型包括语言、文学、读写听说方法、思维方法等方面，有助于大家增长知识，增强听说读写的能力。无论哪一类的文章，我们在阅读时都应该提倡独立思考的精神，通过比较、分析和归纳，借鉴那些对我们有益的内容。下面向大家介绍几种思维导图版本的“阅读模型”，便于大家根据不同文体，采用相应的阅读方法，聚焦核心，快速理解文章主旨，掌握核心精髓，能够灵活应用。

书籍阅读模型

记叙文阅读图

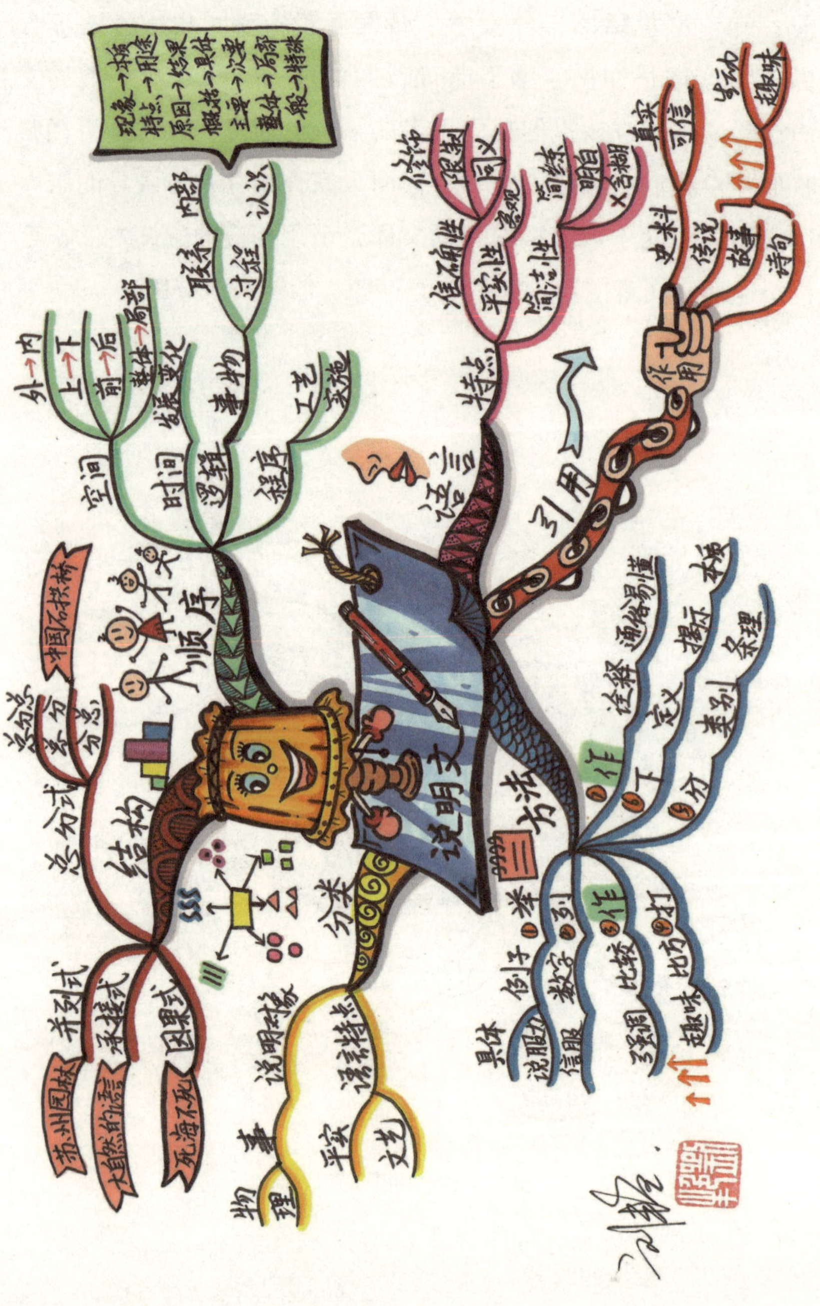
说明文
结构
顺序
方法
语言
特点
引用
分类
总分式
并列式
因果式
空间
时间
逻辑
程序
事物
准确性
平实性
简洁性
作用
史料
传说
故事
诗句
举例子
列数字
作比较
打比方
下定义
作诠释
分类别
摹状貌
说明对象
说明特点
苏州园林
中国石拱桥
死海不死

说明文阅读图

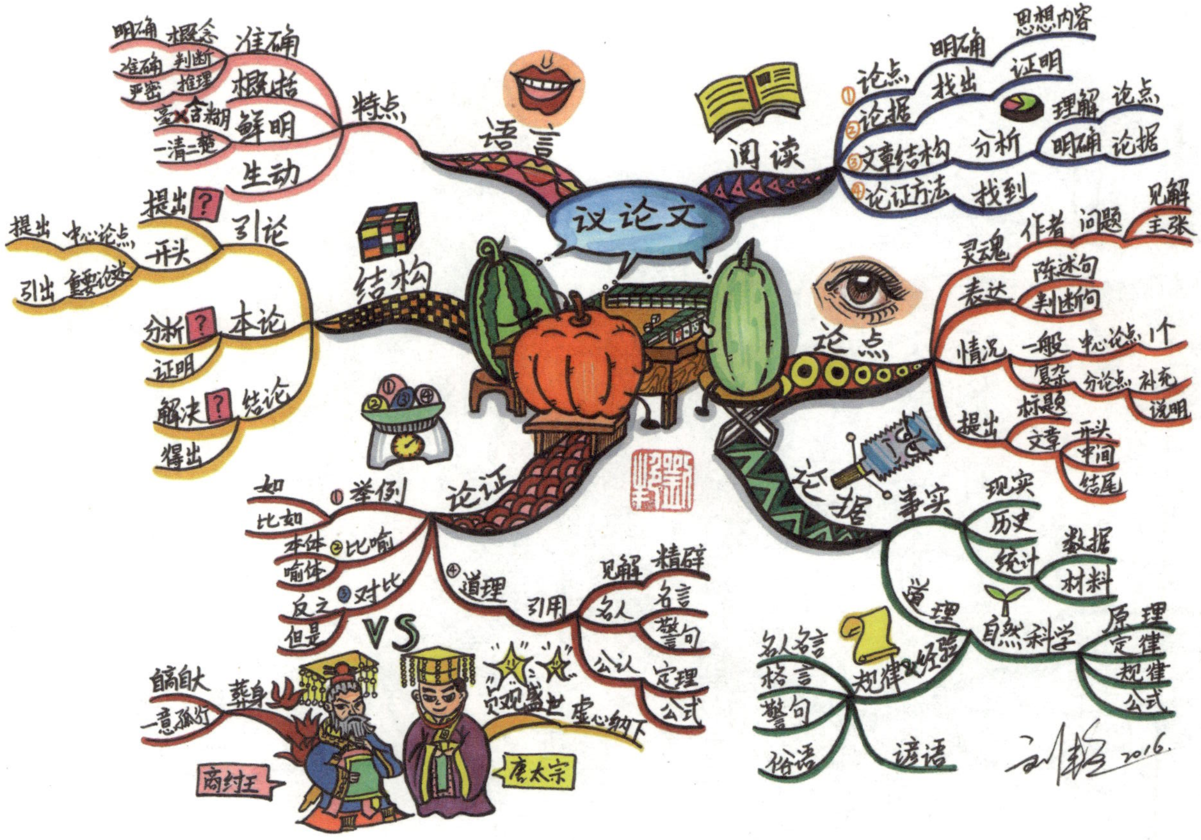
议论文
语言
特点
准确
概括
鲜明
生动
明确 概念
准确 判断
严密 推理
一清二楚
阅读
论点
论据
文章结构
论证方法
明确
找出
分析
找到
思想内容
证明
理解 论点
明确 论据
结构
引论
本论
结论
提出
开头
分析
证明
解决
得出
提出 中心论点
引出 重要论述
论点
灵魂
表达
情况
提出
作者 问题
见解
主张
陈述句
判断句
一般
复杂
中心论点 1个
分论点 补充
说明
标题
文章
开头
中间
结尾
论据
事实
道理
现实
历史
统计
数据
材料
自然科学
原理
定律
规律
公式
规律经验
名人名言
格言
警句
俗语
谚语
论证
举例
比喻
对比
道理
如
比如
本体
喻体
反之
但是
引用
名人
公认
见解
精辟
名言
警句
定理
公式
VS
商纣王
唐太宗
自高自大
一意孤行
葬身
贞观盛世
虚心纳下
2016.

议论文阅读图

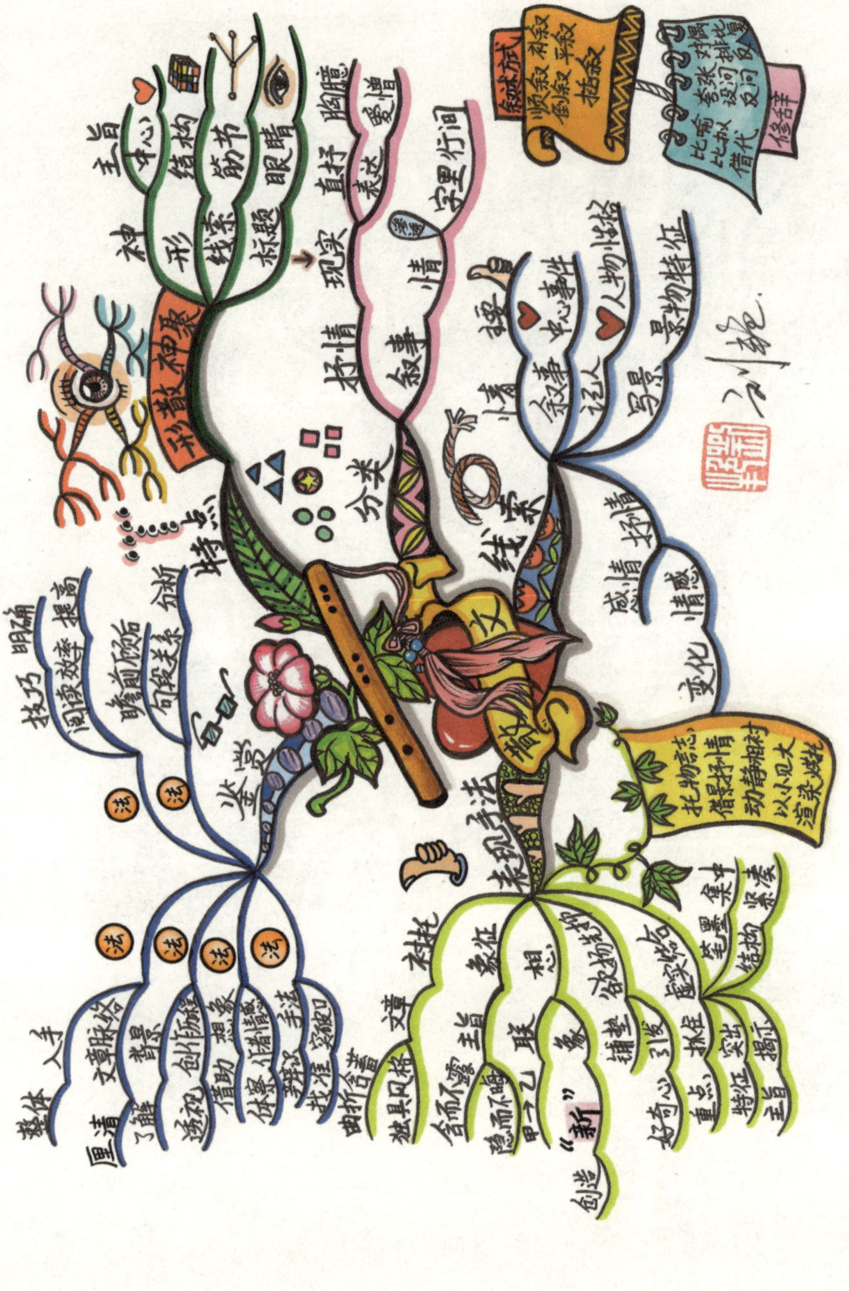

散文阅读图

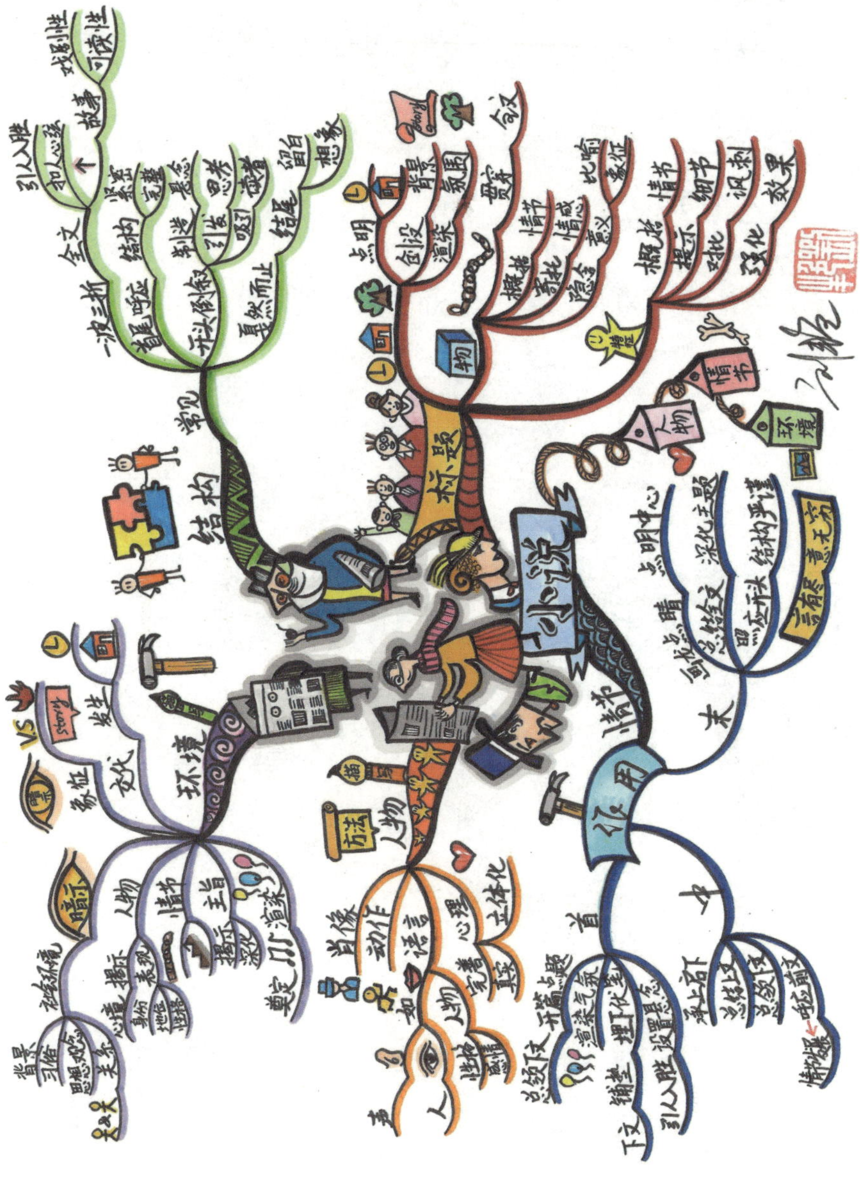

小说阅读图

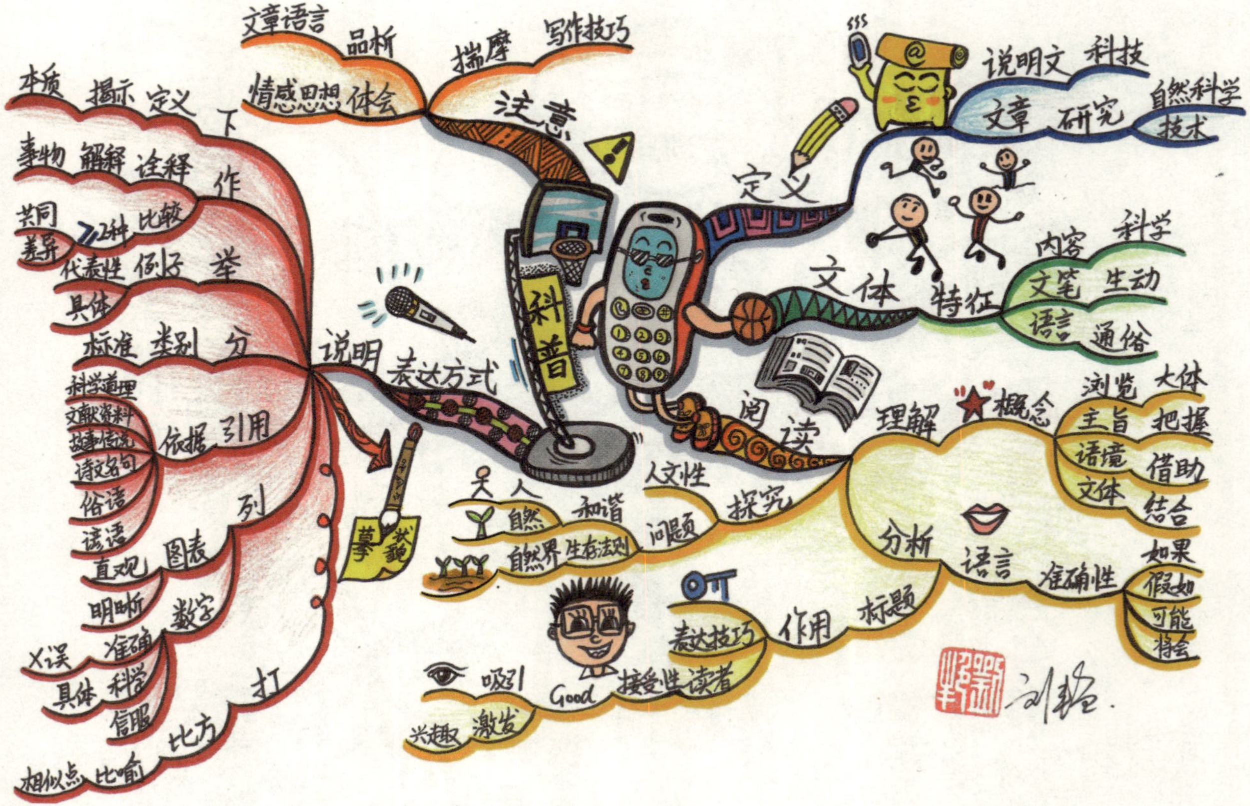
科普
注意
品析
文章语言
情感思想
体会
揣摩
写作技巧
定义
说明文
科技
文章
研究
自然科学
技术
文体
特征
内容
科学
文笔
生动
语言
通俗
阅读
理解
概念
浏览
大体
主旨
把握
语境
借助
文体
结合
分析
语言
准确性
如果
假如
可能
将会
作用
标题
表达技巧
接受性
读者
Good
吸引
激发
兴趣
探究
人文性
问题
人
和谐
自然
自然界
生态法则
说明
表达方式
下
定义
揭示
本质
作
诠释
解释
事物
比较
2种
共同
差异
举
例子
代表性
具体
分
类别
标准
引用
依据
科学道理
文献资料
故事传说
诗文名句
俗语
谚语
列
图表
直观
明晰
数字
准确
科学
具体
信服
打
比方
比喻
相似点

科普类文本阅读图

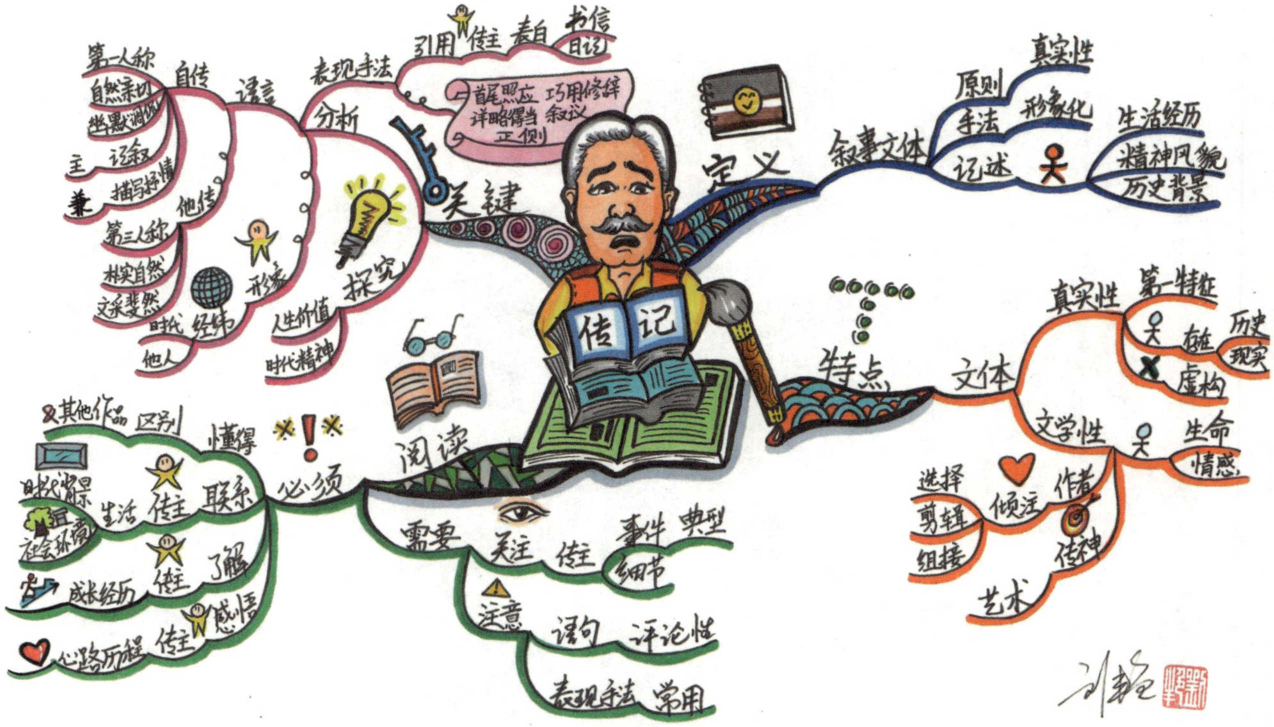
传记
定义
叙事文体
原则
真实性
手法
形象化
记述
生活经历
精神风貌
历史背景
特点
文体
真实性
第一特征
历史
现实
虚构
文学性
生命
情感
作者
倾注
传神
选择
剪辑
组接
艺术
阅读
必须
懂得
其他作品
区别
联系
传主
生活
时代背景
社会环境
了解
成长经历
感悟
心路历程
需要
关注
事件
典型
细节
注意
语句
评论性
表现手法
常用
关键
分析
表现手法
引用
传主
表白
书信
日记
首尾照应
巧用修辞
详略得当
叙议
正侧
语言
自传
第一人称
自然亲切
幽默诙谐
主
记叙
兼
描写抒情
他传
第三人称
朴实自然
文采斐然
探究
形象
经纬
时代
他人
人生价值
时代精神

传记类文本阅读图

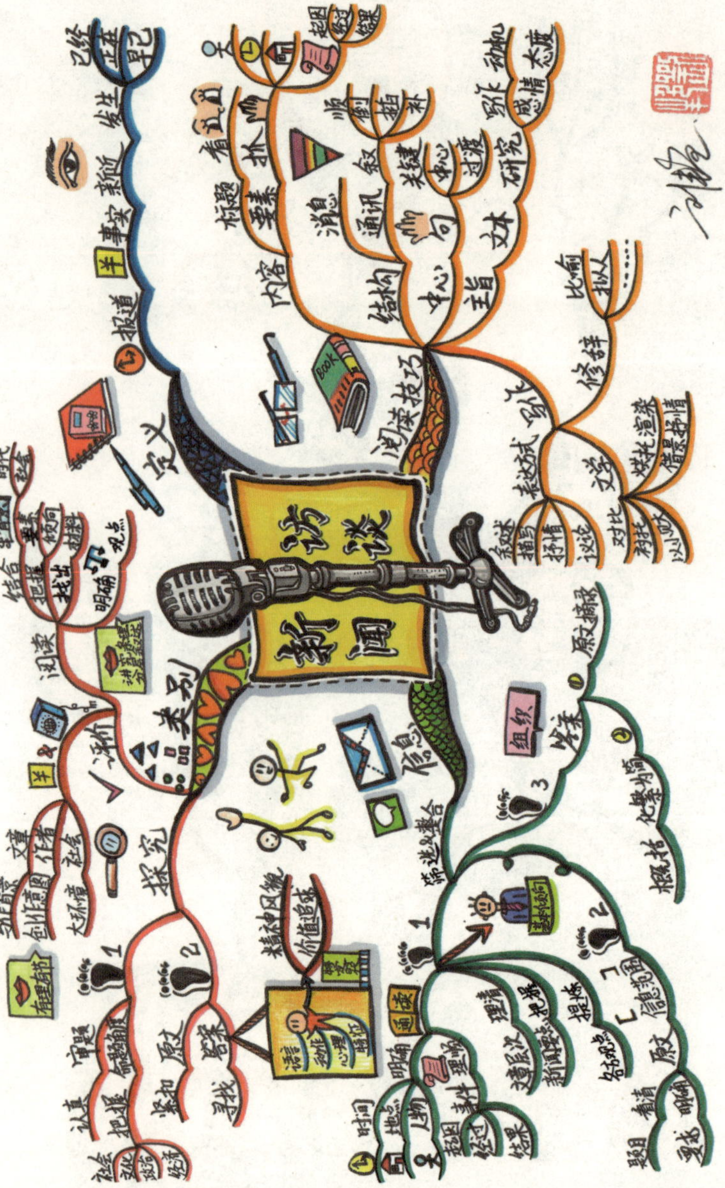

新闻访谈类文本阅读图

思维导图读书法介绍

自上而下阅读：书名、章节、内容。

自下而上归纳：关键词、归纳总结、内容。

一本书的整理技巧图

结构式

特征说明：这种形式的书籍，章节与章节之间的结构非常清晰，会很直接地呈现出第一章写的是什么，第二章写的是什么。

绘制方法：

中心主题——选择封面或与书名内容相关的图像来表示。

大纲主干——因为结构非常分明，所以直接把章节当主干。

主题式

特征说明：这种形式的书籍，章节与章节之间的顺序是打乱的，或者是有的章节是由几个小故事或小案例构成的，章节并不分明。适用于阅读目标明确，由小故事或小主题组成的内容。

绘制方法：

中心主题——选择感兴趣或者需要的学习目标为中心图，也就是说以你的兴趣点或需求点作为中心主题。

大纲主干——从书本各章节中把与这个中心主题息息相关的内容进行整合。

学习中最重要的是什么呢？答案是“框架”。阅读书籍，同样如此。“框架”就是整理思路的书架，我们平时需要的知识和信息就好比是书本，如果书本经过整理，被分门别类地摆放在书架上，那么我们需要的时候就可以很轻松地根据相应类别所在的位置快速抽取。如果知识和信息能够严格按照框架进行整理的话，那么当我们需要的时候就可以随时提取了。学习和工作皆由“框架”决定结果，“框架”思考也决定着我们工作和学习的品质。

【案例分享】

教你图文并茂地绘制过目不忘的读书笔记。

《放胆去闯》读书笔记

内容概述：在全球债务危机漫卷、各地经济持续低迷之际，“日本战略之父”大前研一、优衣库BOSS柳井正首次联手，为全世界的青年、企业找出路！《放胆去闯：大前研一和柳井正给你走到哪儿都能生存的大能力》既是一本关于当下企业经营线路的反思录，也是一本旨在强化年轻人“赚钱力”的辅导书。21世纪是机会最多的全球化时代，却也是志向缩小的富裕年代。过去的企业家即使说一口破英文，也要与世界争，今天科技改变了国界，拉平了世界，青年、企业却把自己放在舒适圈中，只想安定。苦留学生出身的大前研一呼吁年轻人

“必须脱离手册人生，学会通行世界的全球谋生力”；小老板变身首富企业家的柳井正认为“以全球为目标，机会增多50倍”。他们的成功告诉所有人：“只要敢想、敢拼、敢做第一，世界就是你的。”

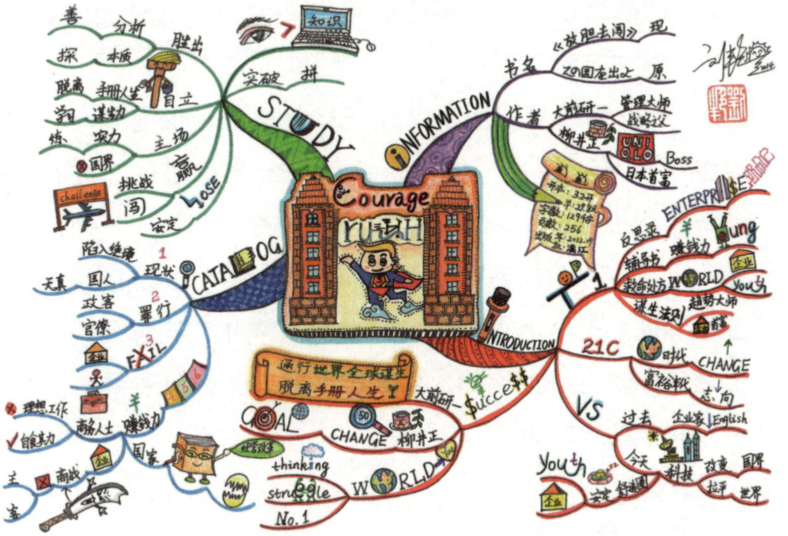

《放胆去闯》读书笔记图

作品解读：

中心主题详解

中心图：“超人”脚踩祥云，courage rush——放胆去闯。

单词rush中的“s”变形为一辆自行车，寓意“闯”。

第一部分详解

大纲主干：基本信息。这本书的书名、作者等相关信息。

第二部分详解

大纲主干：介绍。

分支1：既是一本关于当下企业经营线路的反思录，也是一本旨在强化年轻人“赚钱力”的辅导书。未上市就掀起预购风潮，并长踞日本财经畅销书TOP1。首次开给全世界青年、企业的“救命处方”，向趋势大师、首富企业家学全球谋生法则！

分支2：21世纪是机会最多的全球化时代，却也是志向缩小的富裕年代。

分支3：过去的很多企业家就凭一口破英文，也要与世界争，今天科技改变了国界，拉平了世界，青年、企业却把自己放在舒适圈中，只想安定。

分支4：苦留学生出身的大前研一呼吁年轻人“必须脱离手册人生，学会通行世界的全球谋生力”；企业家柳井正认为“以全球为目标，机会增多50倍”。他们的成功告诉所有人：“只要敢想、敢拼、敢做第一，世界就是你的。”

第三部分详解

大纲主干：简明目录

分支1：第一章（现状分析）陷入绝境却依然天真的国人

分支2：第二章 政客与官僚的罪行

分支3：第三章 企业和个人的“失败”

分支4：第四章 商务人士的“赚钱力”。与其找“理想的工作”，不如先“自食其力”

第五章 企业的“赚钱力”。21世纪的商业竞争不存在“主场”“客场”之分

第四部分详解

大纲主干：学习的7点心得体会

分支1：拼突破，畏惧风险才是最大的风险！

分支2：能洞察，“洞察力”比网络知识更重要！

分支3：善分析，探求问题本质才能胜出！

分支4：谋自立，脱离“手册人生”学习“谋生力”！

分支5：练实力，心中无国界，到处是主场！

分支6：敢挑战，敢闯你就赢！

分支7：想安定，你就输！

以上便是这本书整体阅读的框架内容，可以称之为整本书的“导航图（MASTER MIND MAP）”。

《道德经》文学鉴赏图

《汤姆·索亚历险记》王子为/绘

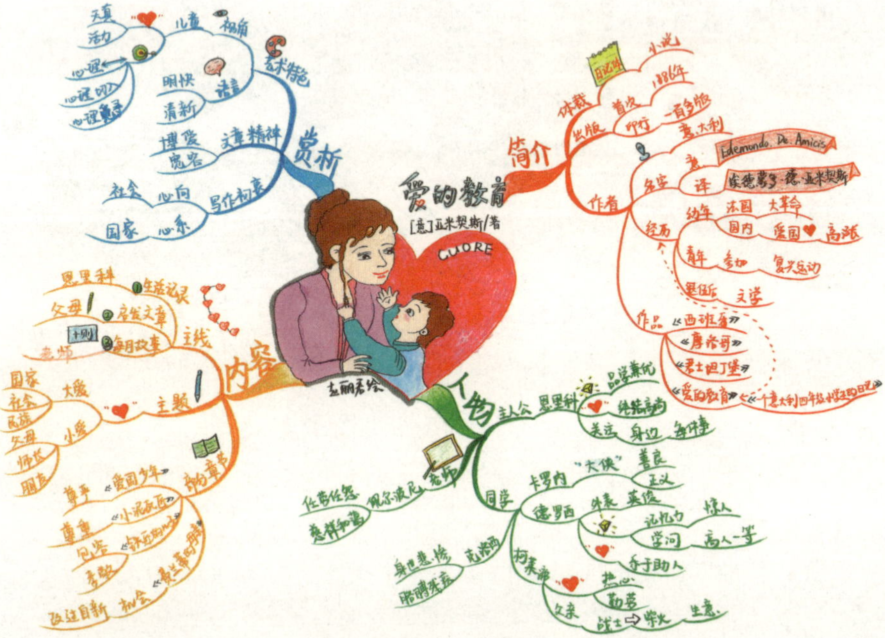

《爱的教育》赵丽君/绘

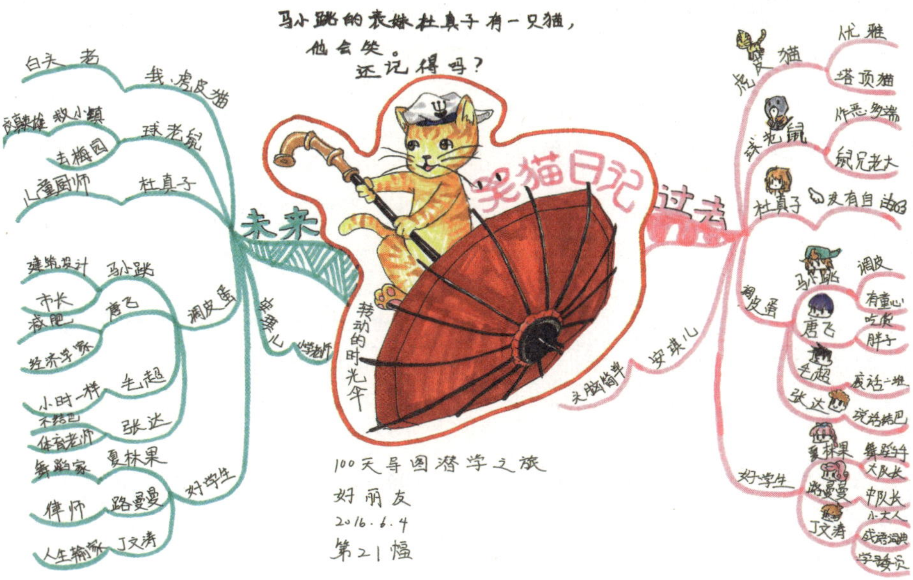

《笑猫日记》 王子为/绘

本篇我们了解了运用思维导图阅读书籍的方法，最核心的内容就是用思维导图做读书笔记。过段时间再打开笔记本翻看思维导图笔记，记笔记时的思路也能再次在大脑中清晰呈现，从而进一步提升信息整理和输出的效率。长期养成运用思维导图做读书笔记的习惯，可以培养我们梳理信息和总结概括的能力，你的思维导图读书笔记将可以成为理解速度和检索速度超群的笔记形式。

思维导图应考策略

思维导图教你巧用错题本

错题本就是把自己做过的习题、作业、试卷中的错题集中到一起的本子，把正确的思路、解题过程感想以及本题的闪光点记录在本子上，并要思考下次遇到同样的问题应该如何去想。反思很重要，也是学习必备的环节，我们做错题本的过程也是我们对学习的一个反思过程。

1.错题本是自身错误的系统汇总。当把错误汇总在一起的时候，就会很容易看出其中的规律，找到学习的捷径。

2.错题本能改变学生对错误的态度。对待错题的态度是减少错题的关键。错误是财富，因为错误才能使学生知道自己的不足，不能因为错题少或错误的原因简单而忽视它。一个错误实际就是一个盲点。如果对待错误的态度不积极，或者缺乏理想的方式解决错误，错误会在任何可能的时候发生，而且会经常重复发生。对待错误一定要认真。

3.错题本能帮助学生改掉马马虎虎的坏习惯。学生会因为怕抄错题或错题太多没面子，而小心翼翼地做作业，不再马马虎虎了。

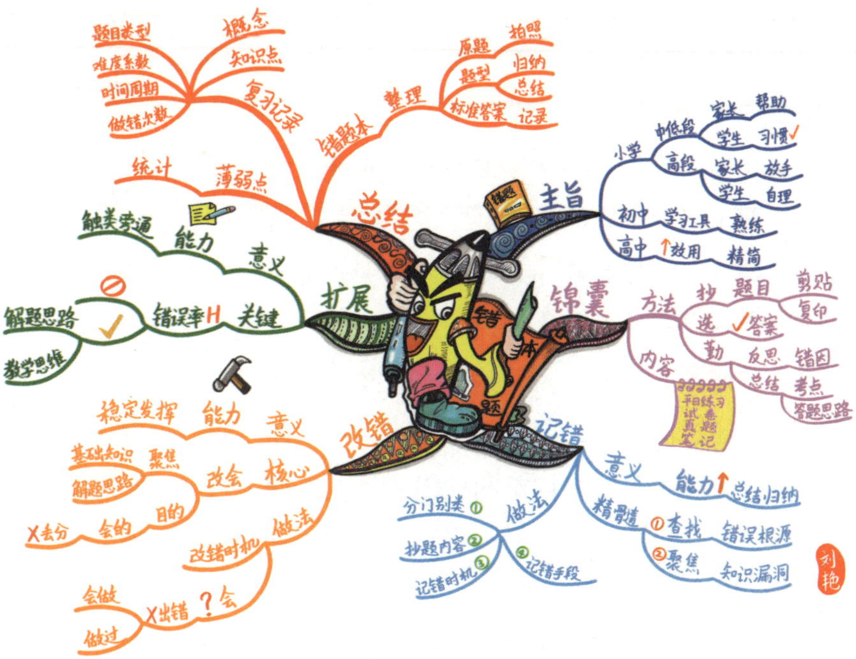

思维导图错题本整理图

错题本的主旨——

一、小学中低年级段，家长要帮助使用错题本，养成习惯；

二、小学高年级段，家长要逐渐放手，让孩子自己整理错题本；

三、初中阶段，熟练使用错题本，并成为学习工具；

四、高中阶段，学会精简错题本，发挥错题本最大效用。

如何整理——

抄题目：错题本上肯定要抄写上题目，但是如果题目比较长，抄题目本身就比较浪费时间。所以，大家可以将试卷上的题目给剪下来，直接粘贴在错题本上。如果老师不允许这样做，要求保存试卷的话，大家可以将试卷复印，然后剪下复印件并粘贴在本子上。这样的话，可以省时省力。

选出正确答案：这个不用多说，如果你不选出正确答案，在复习的时候还是比较盲目。

做好反思总结：很多学生也在用错题本，但是感觉错题本没有什么效果，根本的原因就在这一步。那些没有感觉到错题本效果的学生，一般都没有做反思总结，错题本上只有题目和答案。这样的话，自己在用错题本去复习的时候，还是不知道这个题目考查的是什么、当时为什么错了、这个题目又该怎么去想。只有分析清楚这个题目到底考查哪些知识点、自己是怎么想的、在哪儿错了、又该去怎么想，这样在复习的时候，才可以不断地强化这些东西，自己下一次再遇到同类题目就可以快速正确地解答出来了，这就称为见微知类、举一反三。整理的内容可参照平日练习、试卷、真题、笔记，等等。

记错，提高学生总结归纳能力的过程。

记错就是把错题摘录出来，分门别类集中存放。这个环节的难点在于持之以恒地“摘录（抄题）”，精髓在于两个方面，查找错题产生的根源，要将其落脚在：概念不清、不会查找题目关键字、注意力不集中、不会使用公式、无解题思路，千万别再找“马虎粗心”之类的借口。从理论上来说，错题之所以会错，必然对应着自身某一项知识、能力或情绪的缺失，这不是借口可以掩盖的；将错题落实在某个或多个知识点漏洞，这也是错题一定要进行分门别类的主要原因。很多人整理错题仅仅简单地以日期和学科进行区分，这种摘录至少丧失了自学、补课和课外辅导的基本依据，是对记错的一种误读。

具体做法：

1.关于分门别类。数理化中最省事的办法是按照教科书中的目录结构来制定，科学性和针对性都有了，但其中难度也大了不少。许多题目都是综合了几个知识点形成的，其分门别类以产生错误的知识点为依据，当然学生在标记知识点时也要遵循这个原则。

2.关于抄题内容。除了原题和正确答案以外，最重要、最醒目的应该是错误根源。在进行某项学习习惯养成（如获取题目关键字词）时，错题根源也可以作为错题分类的依据，当然这对家长的要求较高。在学生们进行课外辅导或家教补课时，错题本作为针对性教学的首要依据要在第一时间提供给授课者。这有助于老师有的放矢地讲授知识和学习方法，真正达到一对一的效果。同分门别类一样，错误根源也是在孩子标记错题时注明。

3.关于记错时机。记错理论上当然是越早越好，在孩子记忆最清晰的时候完成记错，内容会更加完整精确。在实际操作中，高年级的孩子往往没有时间和精力来记错。最为重要的一点是提醒孩子尽快完成对错题的标注，最好是当天完成前一天的标注，以一周作为记错周期也可以，不过效果稍差一些。当然前面说到的知识点、错误根源是必需的。

4.关于记错手段

手工记错。有相当多的学校都要求孩子建立记错本，用来整理错题。就调查来看，这种理想状态的记错方式，大多孩子无法坚持下来，即使记错，也往往是三天打鱼，两天晒网。主要原因在于记错时间成本过高，尤其是在高年级，图形图画题目增多，几乎95%的孩子难以坚持下去。

改错，锤炼学生稳定发挥能力的过程。

改错是错题本学习法中最为重要的环节，其核心是“改会”，仅仅把错题做上一遍两遍是不够的，还需要从基础知识、解题思路方面入手，切实达到“会的在考试中不再失分”的目的。

1.改错时机。

记错完成后，就进入到改错的阶段。实践证明，当日改错的效果相对要差上很多，最主要的原因是老师讲述的正确答案孩子一般还会有印象，比着印象中的正确答案来做错题，往往很难界定孩子到底是真会还是假会。正确的做法，是在记错完成的周末进行改错。这样做的好处是，孩子对错题答案虽然还会有印象，但不会很清晰了，重新做错题，更易唤回老师当初的讲解，加深印象。另外，不占用孩子作业时间，不容易导致孩子产生厌烦情绪。

2.如何解决“会”的问题。

会的落脚点应该落实在出错根源上，牵涉相关知识点不够清晰的，需要首先温习课堂笔记或课本，搞清楚相关内容，然后再进行改错；牵涉关键字不够明确的，例如：阅题时，精神不够专注的，要着力在阅题习惯养成的培养上。具体问题当然要具体分析，不可千篇一律。会的关键在于题目的要点能否与老师课堂讲授的知识点、方法等建立起联系。

学生要善于比照成绩好的同学的课堂笔记，解决听课中的听课缺失、记忆缺失和记录缺失，把缺失部分补充到自己的笔记中。

学生要善于针对错题向老师和同学请教，尤其注意“这题在课堂上讲过”“这类题目以前做过”的错题，深究出错原因。

改错前，学生要翻阅本阶段的错题笔记，重温课堂讲授和作业测验讲评时老师强调的重点，这是绝对重要的学习习惯。

验证错题真会假会的方法比较简单，就是一个月后，把改过的错题重新过上一遍，重新就错题考试。时间不够也要列列算式，理理思路。这样会进一步巩固改错经验，发现其改错后仍存在的漏洞，便于进行下一步工作。

会的境界分两个层次：1.见到会做的题目不出错；2.见到做过的题型不出错。前者最为直观，后者则需要配合一定数量的扩展练习才能够达到。

扩展，训练学生触类旁通能力的过程。

对于那些知识漏洞导致的错题，有条件的家长，可以从网上、习题集中采集类似内容的习题，来扩展学生的练习范围，这种扩展练习最好由老师指导，家长完成。需要强调的一点是：类似内容的习题如果错误率较高，一定要停止扩展，转而研究原始错题的根源和知识点，把重点进一步向解题思路、教学思维方面倾斜。只有建立了这种知识点与题目的正确联系，才能够真正提高学生的触类旁通能力。

总结

收集错题前，多问自己为什么。

1.为什么错了？分析原因，找到问题源出。

2.应该怎样做？标明解题的正确方法及依据原理。

3.有无其他方法？哪种方法更好？对比归纳，思维求异。

4.能否进行变通？一题多变，思维发散。

那么什么样的错题，适合收录到错题本？

不会做的题：

主要表现在智力因素培养方面，对于知识结构性错误，重做一遍两遍错题是十分必要的，这要视你自己对错题的把握程度而定。这类错误是我们通过学习，建立自身知识体系时存在的漏洞，通过重做错题，并认真分析，把这个漏洞补上，就可以健全我们的知识结构体系，锻炼我们的思维能力，用10分钟的时间就可取得平时 1～2个小时的收益，也能发现自己究竟是学习行为方面存在问题还是某些思维方式需要加以调整。

模棱两可、似是而非的题：

主要包括概念模糊以及记忆模糊两类。对于模棱两可、似是而非的错题，通过分析，可以发现是把公式给弄混淆了，还是把公式给用错了；是理解错了，还是记忆错了。通过训练可以有效地增进智力因素。

会做却做错了的题：

主要表现在非智力因素培养方面，这类问题最容易被人忽视，常常会自以为是地认为下次注意就行了，自己是不会再犯这个错误的，然而，往往事与愿违，不会发生的事竟然又一次发生了。所以，别对自己的错误太温柔，一定要找出问题所在，消除这类问题。

学会了如何巧用错题本之后，我们再来运用思维导图了解下如何进行错题分析。找错题原因前，首先要有个明确的分类，大致可以分为：知识因（知识性错误）、心理因（心理性出错）、智慧因（审题出错、方法错误）、系统因（综合错误）。

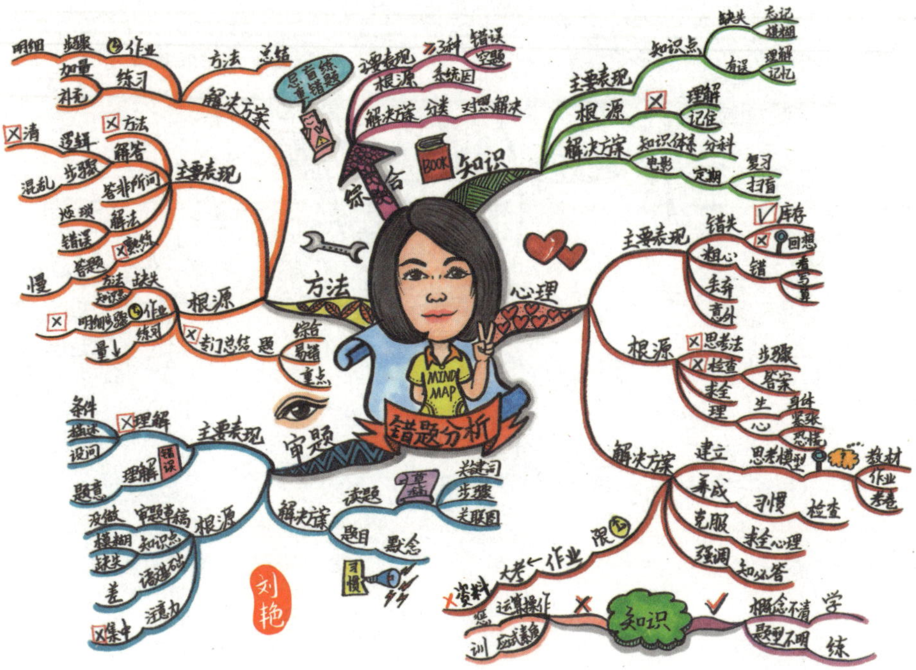

错题分析图

思维导图帮你总结迎考指南

考试前夕往往是学生心理变化较大的时期。临考前如何复习？如何预防考前焦虑？下面我们将运用这张钢笔绘制的素色思维导图从动力、复习、预焦、应考四个维度进行相关解读。

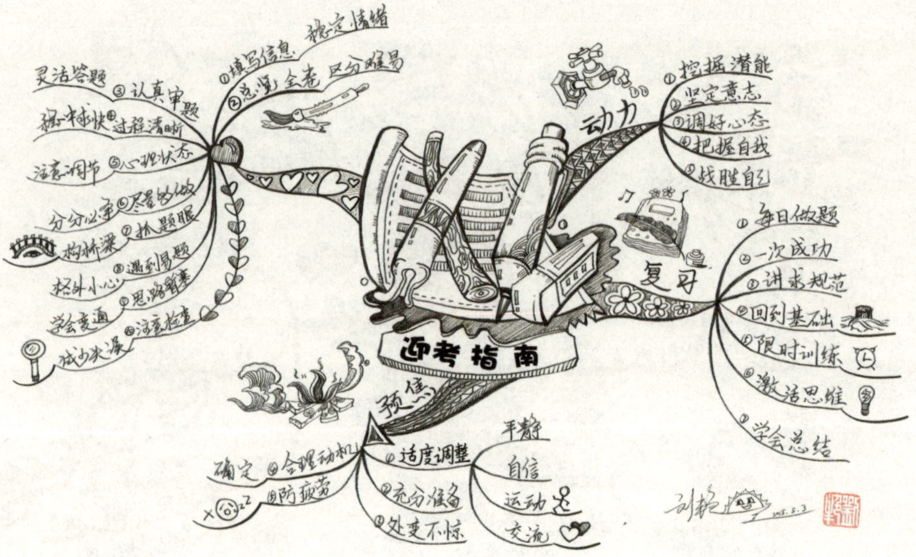

迎考指南图

考前动力

1.挖掘潜能。不管你现在情况怎样，你都要相信自己还有巨大的潜能。从开始复习到考试往前赶超50名的大有人在，赶超80名也是完全有可能的，人在关键时刻的进步是惊人的。

2.坚定意志。严格地讲，考试其实就看谁笑到最后，你能坚持到最后，你就能笑到最后。而坚持到最后，就要求你必须具有坚定的意志。全力以赴，坚定你的意志；知难而进，磨砺你的意志；战胜惰性，提升你的意志；苦中作乐，优化你的意志。

3.调好心态。考试不仅仅是知识和智力的竞争，更是心理的竞争，心态决定着你的成败。努力去寻找你最近的不良心态，并努力去改变，用积极的心态促使你考试成功。

4.把握自我。复习时紧跟老师踏踏实实地复习没有错，但也不能完全忘了自我的存在。要有自我意识，“我”如何适应老师的要求，如何根据自己的特点搞好最后阶段的复习，“我”如何在“合奏”的前提下灵活处理好“独奏”等。

5.战胜自己。把握自我，十分重要。但战胜自己，更为重要。面对迎考复习的艰辛，面对解题的繁难，面对竞争的压力，面对多变的情绪，只有“战胜自己”，才能“天宽地阔”。

临考复习

1.每日做题。考前要养精蓄锐，并不是说整天休息。相反，我们认为每日还是要做些题的，不要让自己手生，要让自己保持对问题的敏感性，形成模式识别能力。当然，做题的数量不能多，难度不能大。

2.一次成功。面对一道题，最好选陌生的中档题，用心去做，看看能否一下就理出思路，一做就成功。一份试卷，若没能一次成功地解决几道题，就往往会因考试时间不够而造成“隐性失分”。

3.讲求规范。每年高考，都会有不少考生因答题不规范而丢分，非常可惜。考生要找几道有评分标准的考题，认真做完整，再对照评分标准，看看是否答题严密、规范、恰到好处。

4.回到基础。一般来说，考前不宜攻难题，既没有这么多的时间，也没有必要。要回到基础，把基础夯实，这样在考试时才能做到基础分尽量不丢。

5.限时训练。可以找一组题，例如：10道选择题，争取限定一个时间完成；也可以找一道大题，限时完成。这样做主要是创设一种考试情境，检验自己在紧张状态下的思维水平。

6.激活思维。可以找一些题，只想思路，第一步做什么，第二步做什么，不必具体详解，再对照解答，检验自己的思路。这样做，有利于在短时间内获得更多的具有策略意义的解题方向，训练思维品质。

7.学会总结。应当把每一次练习当成巩固知识、训练技能的一次好机会。练习题是做不完的，关键在于打好基础、学会总结、寻找规律，一通百通，大彻大悟。

预防焦虑

1.适度平静。平时个性张扬的学生，在张扬的前提下可稍平静一些；平时内向的学生，在平静中可略张扬一些。当然，都不要刻意追求，自然为好。一定压力下的平静，是考试超水平发挥的必要条件。

2.适度自信。考试临近，自信是成功的起点；失去信心，必然导致失败。当然，平时考得好的学生，也不能过于自信，凭自己有点实力，就自以为是，盲目乐观。

3.确定合理动机。动机过强和动机过弱，都不利于考试；适度动机，效率最高。尤其是期望值过高，容易导致考生产生紧张、忧郁、恐惧等情绪，进而导致考试失败。这就是说期望要合理。

4.适度运动。临考前夕，学生大都不爱运动，主要是学习紧张没时间运动。但我还是希望同学们能根据自己的情况，适度运动，比如散步、跑步、打球、跳绳，或在阳台上做一会儿操，等等。这样可以缓解紧张的神经，提高自己的学习效率，保证考试时有一个健康的身体和清醒的大脑。

5.适度交流。同龄人一起迎考，大家的情况都差不多，同学间适度交流，进行感情沟通是十分重要的。同学之情对增强信心、缓解压力有很大的帮助。当然，考前时间宝贵，切不可长谈。除了和同学交流外，还可与老师、家长、亲友交流。

6.充分准备。学生要认真做好考前的复习和准备工作，注重知识的掌握和技能的训练，做到胸有成竹，心中不慌，从而预防考试焦虑的产生。

7.处变不惊。训练自己在面对变化的问题或学习的困难时，能冷静地进行分析、判断，采取科学的应对措施。比如，面对试题的难易，要有“人难我难，我不怕难；人易我易，我不大意”之心态。

8.防止疲劳。考试临近，切忌搞疲劳战术，过度疲劳容易引起心理上的不适感，不利于考试时水平的发挥。

科学应考

1.填写信息，稳定情绪。试卷发下来后，立即忙于答题是不科学的，应先填写信息，如在答题卡上涂清“试卷类型”，写清姓名和准考证号等，这样做不仅是考试的要求，更是一剂稳定情绪的“良药”。

2.总览全卷，区别难易。打开试卷，看看哪些是基础题，哪些是中档题，哪些是难题或压轴题，按先易后难的原则，确定解题顺序，逐题进行解答。力争做到“巧做低档题，题题全做对；稳做中档题，一分不浪费；尽力冲击高档题，做错也无悔”。

3.认真审题，灵活答题。审题要做到一不漏掉题，二不看错题，三要审准题，四要看全题目的条件和结论。审题中还要灵活运用知识，发现和寻找简捷的解题方法。

4.过程清晰，稳中求快。一要书写清晰，速度略快；二要一次成功；三要提高答题速度；四要科学使用草稿纸；五要力求准确，防止欲速不达。

5.心理状态，注意调节。考试中，要克服满不在乎的自负心理，要抛弃“胜败在此一举”的负重心理，要克服畏首畏尾的胆怯心理。面对难、中、易的试卷，调节好心理，积极应对。

6.尽量多做，分秒必争。高考评分，理科多按步骤、按知识点给分；文科多按要点给分。因此，考生在答题时，就要会多少，答多少，哪怕是一条辅助线、一个符号、一小段文字，都可写上，没有把握也要敢于写，千万不要将不能完全做出或答案算不出的题放弃不做。

7.抓住“题眼”，构建“桥梁”。一般难题都有个关键点，我们把它称为“题眼”。抓住了“题眼”，问题就易于解决了。此外，还要利用相关的知识、规律、信息进行多方联系，构建“桥梁”，找出问题的内在联系，从而构思解题方案，准确、快捷地解决问题。

8.遇到易题，格外小心。易题，容易使人轻视，不注意题目的细微变化，不费思索顺手写来，可能铸成大错。所以有“容易题，容易错”的说法。要知道，题目对你容易，对别人也容易。在易题上得分与失分往往在于仔细与不仔细。

9.思路暂塞，学会变通。考试时，熟知的知识、方法突然想不起来该怎么办呢？这时要学会变通，一是换个角度或思路，从与题目有关的项目开始回想；二是利用本卷中其他题目中的信息；三是暂时放弃，换另一道题做，等情绪稍稳定，思路慢慢清晰时，再回过头来做，可能有意外的收获。

10.注意检查，减少失误。争取有一定的时间检查答卷，主要是检查题目是否遗漏、是否弄错了题意、是否抄错了什么，尽量减少失误。对一些“疑似”答案，尤其要注意检查。可以对思路检查、对步骤检查、对结果检查、对试题要求检查等。

思维导图助你成为考霸

中高考临近，很多老师在模拟考试的网上阅卷中发现了很多不规范的答题情况。答题超出指定区域、字迹潦草、涂抹严重、选考题题号填涂与作答不符……类似的丢分实在不应该，也得不偿失。

如何规范答题、什么样的卷面才是阅卷教师希望看到的呢？一份工整、清晰的答题卡，无疑会给阅卷教师眼前一亮的感觉。

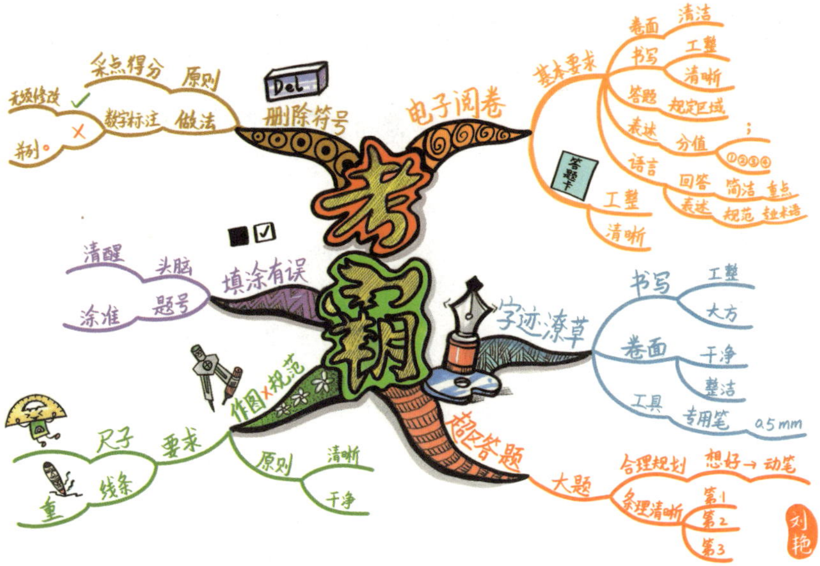

考霸图

电子阅卷

阅卷教师希望看到的是能够减轻阅读量的卷面，具体包括以下6点：

1.卷面清洁，这是最基本的要求；

2.书写工整，字迹清晰；

3.在规定的答题区域答题，否则就是做无用功；

4.表述时要根据分值思考要点，尽量细分，用分号或①②③④等符号清楚表述；

5.语言要简洁，答中关键；

6.语言表述要规范，尽量用专业术语。

如果卷面做到了以上6点，在“可给分可不给分的情况，从宽给分”的高考评分原则下，将无形中增加多得分的砝码。

以下是电子阅卷中发现的考生答题不规范的典型情况：

字迹潦草

【问题】字迹潦草、字迹过淡的情况不少。高考阅卷是在电脑中阅读扫描后的考生答题卡，没有平时纸质阅卷那么清晰易认，加上高考阅卷时间短、任务重，因此字迹不清楚的试卷是不受阅卷教师欢迎的。

【应对】书写差的学生应加强书法练习，不仅每个字要力争书写工整、大方，而且整个卷面要做到干净、整洁；答题卡答题范围设置是假定用三号字书写两倍正确答案字数的大小，考生无须担心字写大了书写空间不够；考试时统一要求学生使用配套的0.5mm考试专用笔，避免笔迹过淡或过浓导致扫描不清晰。

超出规定区域答题

【问题】部分学生还没想好便匆忙答题，以至于格式没安排好，超出了该题预留的答题位置。在网上阅卷中，超出规定区域的答案无效。

【应对】答大题时，想好了再动笔，先答什么，后答什么，要有条理，不能写了半天还没进入主题，重要的东西没地方写了，再东找点儿地方、西找点儿地方写，结果不得分。

作图不规范

【问题】部分学生在答题卡上作图不清晰，要不过淡，要不就东一条线、西一条线，擦又没擦干净，显得很脏，这让阅卷老师很难辨识清楚。

【应对】作图题要本着清晰干净的原则，该用尺子的地方一定要用尺子，线条要重些，但又不能让其看起来显得脏。

题号填涂与作答不符

【问题】卷中有选择题，要求考生除了答出所选题目的答案外，还要在答题卡上将相应的选择题号涂黑，而部分考生出现答题内容与所涂题号不一致的情况，这样的话该题就只能得0分。

【应对】答选择题时，一定要头脑清醒，选定要答的题目一定要涂对题号，否则白费了功夫，还不得分。

出现删除符号

【问题】部分考生匆忙答题，答错了一段，便用删除符号大面积删掉。

【应对】许多学生感觉答题出现错误时，往往使用删除符号划掉部分字词，这是一个极其错误的思维定式。高考阅卷有一个“采点得分”原则，即只看对的答案。只要不是同一句话中前后矛盾，那么即使是错误的答案也不会影响考生应得分数。因此，已经书写的答案就不要使用删除符号了。如果答案中已经用数字标注①、②、③等，则无须进行修改；如果没有使用数字标注的习惯，则在认为要删除的答案前后标上句号，使其与别的答案存在并列关系。

【案例分享】

希望大家能够认真地看看下面这几张思维导图，这是我的学生倪如一同学绘制的关于考后试卷分析总结的思维导图，真正做到了“学以致用”，思维导图因为会用，所以有用！

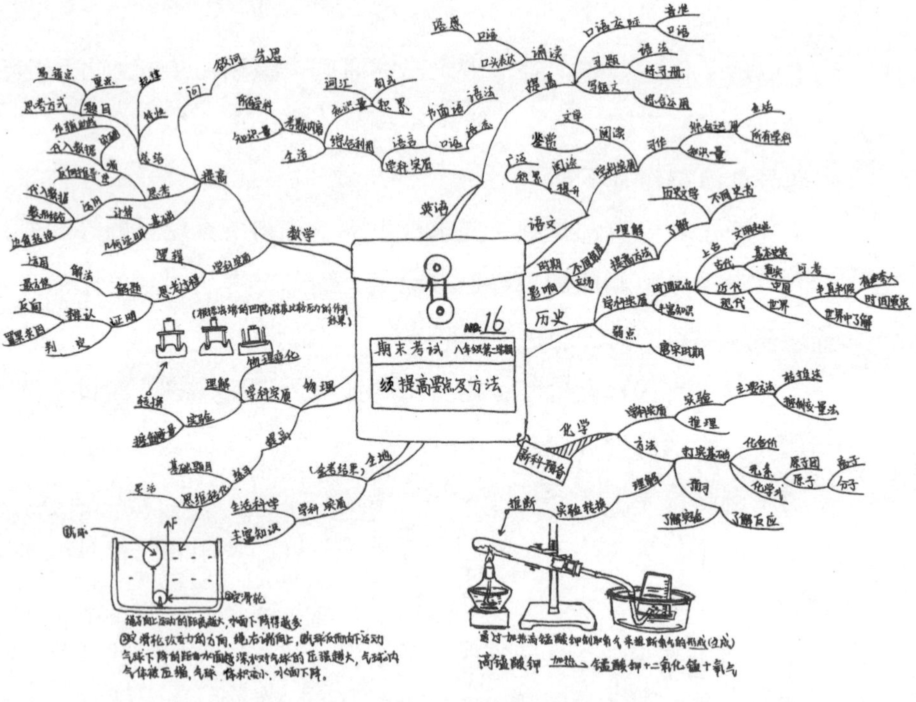

八年级第二学期期末考试各科须提高要点及方法　倪如一/绘

作品解读：

本幅思维导图作品内容非常详细。用一幅导图记录本次期末考试“须提高要点及方法”。每个科目都从学科实质和提高方法等方面进行了深入细致的思考。通常，期末考试的试卷分析是相当重要的，对于我们检视本学期学习情况、制订假期复习计划、规划下学期学习方案等都有很重要的作用。但是往往会被学生们忽视，有的老师甚至也不会带着学生去做分析。“须提高要点及方法”通过一幅导图，呈现出七个学科的一些不足和重点，将零散的知识点进行整合，一图窥全貌，从而更好地帮助学生掌握考试核心知识要点。

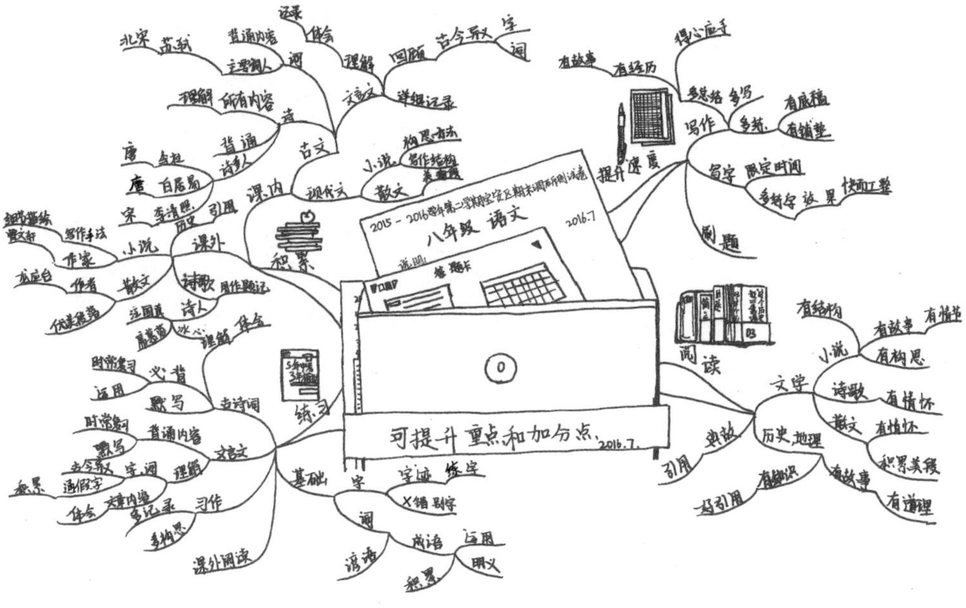

语文试卷分析图 倪如一/绘

作品解读：这幅关于语文试卷分析的思维导图分别从速度、阅读、练习、积累四个方面展开。速度方面涉及：写作、写字、刷题；阅读方面涉及：文学、史地、典故；练习方面涉及：古诗词、文言文、习作、课外阅读、基础；积累方面涉及：课内和课外。其实语文学习大体就是一个“厚积薄发”的过程。厚积薄发是学习的方法，也是事物运作的规律。厚积，就是扎扎实实地打基础，一点一滴地扩大知识面；薄发，就是游刃有余地运用自己的知识去取得成功。厚积薄发，是一个由量变到质变的过程，厚积是量的积累，薄发是质的飞跃。学习语文知识就要讲究厚积薄发。

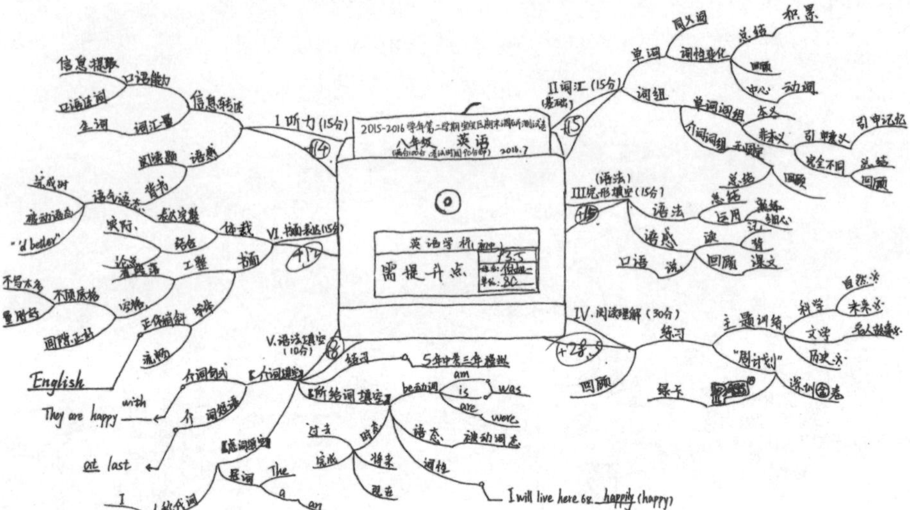

英语试卷分析图 倪如一/绘

作品解读：这张图最大的应用亮点就是添加了“分数”。中心图的档案袋标签上写了此次英语学科的总成绩“93.5分”，每个大纲主干上也标明了题型满分与实际得分。例如：听力满分（15分），实际得分（14分）。随后每个题型后面又对该题目类型进行了深度剖析以及列出相应提升方案。这是一幅实用价值很高的学科试卷分析导图!

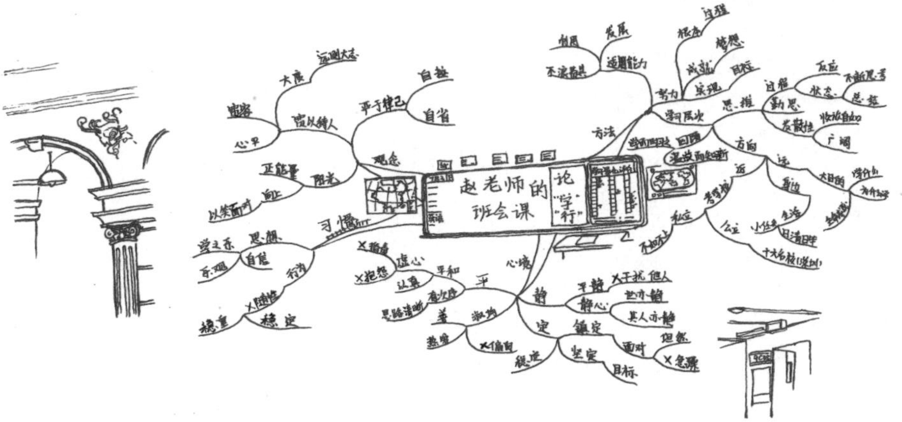

论“学行”图 倪如一/绘

MIND
MAPPING

第五篇

思维导图工作应用模板

自我介绍

自我介绍是向别人展示自己独特魅力的一种重要方式，是每一个人在人生的各个阶段都必然要经历的一件非常重要的事情，只不过有的人一年用不上几次，而有的人则一个星期可能需要用上N多次。众所周知，自我介绍是日常工作生活中与陌生人建立关系、打开局面的一种非常有效的方式，因此，让自己通过与众不同的自我介绍方式得到对方的认识和欣赏，是非常重要的社交技术。那么通过思维导图名片，我们就可以解决这个问题。所谓思维导图名片，指的是正面是纯文字的信息介绍，包括姓名、电话号码、职务名称、电子邮箱等内容，反面用一张图文并茂的思维导图呈现自己的相关信息，如此更容易引起别人的关注，也会因为其独特性容易被对方保存，吸睛指数最高。而且在做自我介绍时，我们可以通过这张逻辑架构非常清晰的导图更好地向对方介绍自己，可谓是一举两得！

而且关于自我介绍还有一个更为实用的应用就是“个人简历”。我们可以在面试时把厚厚的一沓简历，挑出其中的核心内容变为一张图文并茂的思维导图放在首页，这样做更容易让翻阅大量资料的人力资源总监眼前一亮，也为你从众人中脱颖而出、面试成功提供机会。

Ms Yan LIU
INFORMATION
NAME
Yan LIU
SEX
PROFESSION INSTRUCTOR
BIRTHDAY
On February 5, 1985
FROM CHINA
BJ CAPITAL
TS HOMETOWN
MOTTO
Nothing is impossible to a willing heart!
Beauty
Archi tecture
UNIVERSITY
EXPERIENCE
JOB
HOST
FM95
TRAINING
INSTRUCTOR
teaching
DREAM
FAMILY
MOTHER
healthy
HAPPY
HUSBAND
CAREER
WISH
BABY
SMART
WORK
HOST
PPT
PUBLISH
ABILITY
Licensed Instructor
LIFE
FUNNY
mood
thought
HOBBY
eat
sweet
CARROT
water melon
JUICE
DUCK
LIFE
TRAVEL
PLANT
NATURE
FLOWER
ART
DRAWING
HOST COMPETITION
SING
DANCE
Ms Yan LIU
On August 6, 2014

英文版自我介绍图

作品解读：这幅导图是我在英国向博赞先生学习思维导图时，画的一幅全英文版自我介绍，当时受到了博赞先生的高度评价。这幅导图的中心图是我的名字“刘艳”的谐音图像“留言”，转化为“留言条”。整幅导图涉及五大方面的内容，分别是：信息、习惯、梦想、经历、座右铭，具体细节内容呈放射状依次展开。图中运用了大量的图像字，使整幅导图内容更加形象生动，活灵活现。

演说技巧

俗话说，言为心声。我们嘴里说的话，是内心与思维的一种直观反映。如何演讲，是一门值得深入研究、探索的学问，也是一种永不过时的艺术。只有深谙这种演讲艺术，并驾轻就熟地在演讲中运用这种艺术，才能使语言深入人心，才能与听众产生思想、情感及心灵的互动与沟通。

有人曾经这样说过，职场上的成功人士多半是由口才创造的。的确如此，随着职场竞争越来越激烈，是否会演讲便成为职场精英最为重要的生存技能。演讲体现的是职场人士的综合素质，它既是口才，也是“思”才、“耳”才、“眼”才。演讲能力是思辨之才，演讲者要能在各种情况下发觉复杂事物的细微末节，敏锐而缜密地做出评估和判断，并摆脱常规思路的束缚，机智地适应瞬息万变的现实话题；演讲能力是捷辩之才，表达者要能在动态语境中使思维与表达同步进行，在不失时机的应变性表达中，常有妙语精言随口而出；演讲是善辩之才，演讲者要能在各种条件下审时度势地随机应变，挥洒自如地剖解、辩驳各种疑难。总之，一个成功的演讲者既要有敏捷而缜密的思维能力，又要有丰富而生动的语言储备；既要有高度驾驭语言的能力，又要有广博深刻的社会经验作为基础。接下来我们就以演讲中的一个核心要素——三法则，通过思维导图的形式和大家分享。

通常，思维导图被誉为“大脑的瑞士军刀（The swiss army knife for the brain）”。之所以被称为“大脑的瑞士军刀”，是因为它的应用范围非常广泛。下面要分享的是用钢笔来绘制导图的例图“演讲大纲《三法则》”。通过绘制演讲大纲可以充分清晰地把自己的想法表达出来，这正是属于NOTE MAKING（笔记输出）的阶段——ONE PAGE REPORT（一页报告）。接下来我们一起学习如何用思维导图做演讲大纲。

通常，冗长、复杂、漫谈式的演讲总给人枯燥无味的感觉，总是令观众失去兴趣。那么遵守三法则，它既是一种练习自律能力的有效途径，又能够避免传递给观众太多繁杂的信息。记住，有约束的演讲才更具创造力，正所谓：大道无形，小即是美。

演讲大纲《三法则》图

作品解读：首先我们来看整个导图的主题：三法则。通常我们说：简单就是终极的复杂。所以在演讲的过程中，我们始终要保持简单，对于一个复杂的问题，演讲者若能给出简单的解释，观众就会相信他精通这一学科。

关于简单的重要性，所有的科学依据都很有趣，但是如果你没有利用好这些科学依据来提升自己演讲的影响力，它们就是毫无意义的。那么怎样才能把自己在某个方面的专业知识，浓缩成一个简短的演讲，哪怕只有十几分钟呢？领会三法则是至关重要的，对你也是大有益处的。

绘制中心图的时候，你出图的过程当中，一定是你大脑当中出现的第一个图像，我们通常称为第一印象。那么提到三法则，在我大脑当中出现的图像是我们中华优秀传统文化的文房四宝，也就是笔墨纸砚。因为我觉得既然是法则，它必然是庄重的、非常神秘的，具有一定的神秘色彩。所以在这个笔墨纸砚当中的卷轴的纸上，我写下了“3法则”，旁边写了一个英文单词principle，代表的是法则，抑或是原理、方法。这就是中心主题，用了笔墨纸砚这样的图像，表达了我对中心主题的一种呈现，一种可视化的表达方式。

绘制中心主题

中心图绘制完毕之后，第二步我们将进行各个大纲主干和内容分支的绘制。首先我们来看第一个主干。第一个主干上，我并没有写任何关键词，因为在画的过程中，我不知道这个主干用什么词来概括最为合适。所以这时不妨直接往下延展其他的内容分支，等整个分支都绘制完成之后，再对主干的关键词进行填充，这时候填充的关键词精准度会更高一些。在这个主干的后边有两个小小的分支，一个是解，一个是应用。那这个“解”是什么意思呢？我们刚才说过了，三法则对我们每个人是大有益处的，三法则的具体含义是什么呢？它是指人们能够很好地记住三项信息，如果再增加信息的话，记忆的效果就会大大减弱。这是写作和传播中很有用的概念之一。

与此同时，在与各个领域传播者进行交流的时候，很多人已经成功地运用了三法则。对我们而言也是屡试不爽的。而且三法则在一些知名的TED演讲当中也体现了。这时候画完两个分支的内容之后，我还是没有想好用什么词来把这个主干上的关键词进行填充。这时候不要着急，紧接着我们再来展开思路，进行第二个主干的绘制。

第二个主干，我想表达的内容是美妙生活的三个秘诀。可是在这个大纲主干上我仍旧不清楚用什么样的关键词来概括最为精准，所以留有空白。那接下来，我先来进行内容分支的绘制。首先，三个秘诀分别是什么呢？这就是态度（Attitude）、知觉（Awareness）和本真（Authenticity）。那从第二个分支开始，我们把态度展开来讲，解释一下这个态度是什么。我们每个人都有跌倒的时候、面对困境的时候，我们应该意识到一般有两种选择：一是选择破罐子破摔，自怨自艾，永远消沉下去，那么“破罐子破摔，自怨自艾，永远消沉下去”，它们是并列的关系，所以并列的线条应该是这样绘制的；二是选择伤心一会儿，然后擦干眼泪，直面未来，那么这三个内容是递进的关系，所以线条应该是平行展示的。正确的态度应该选择第二种，所以在小2的旁边我画了一个对钩。的确是这样，不管多么艰难、多么痛苦，我们都要向前去看，继续生活，一步一步迈向崭新的未来。

那么第三个分支上面的关键词是知觉。什么是知觉呢？就是用心地拥抱那个住在你内心的三岁的自己。那个三岁的小男孩依然住在你的心里，那个三岁的小女孩也依然住在你的心里。他们一直都在，用心去感知，就是去记住你眼中的世界也曾是崭新的。

第四个分支：本真。它的旁边我画了许多桃心和柳叶形状的图案，它体现的是要回归自然，回归本真，和大自然交融在一起。本真在这里指的是心安理得地做最真实的自己。那么我想，做最真实的自己，就会顺着自己的心意，去自己喜欢的地方，出席自己喜欢的场合，选择自己喜欢的交谈对象，并且能够乐在其中。那么在这个过程当中呢，你会遇见一些跟你合得来的人，去到那个令你心驰神往的地方。这样一直追随着自己的内心，就会感到非常满足，每一天都能够自带喜神，乐在其中。

绘制第一主干和第二主干的内容

以上便是第一、第二主干内容的呈现，当我画完了整个内容之后，第一个主干和第二个主干的关键词就想好了，第一个就是我们三法则的“总述”，它总的概述内容是什么。第二个主干内容就是“美妙生活”，也就是美妙生活的三个法则、三个秘诀。以上便是第一个主干和第二个主干的绘制内容讲解，接下来我们来看第三个主干。

第三个主干上我写了一个关键的数字：7。这个“7”指的是魔力之七，在这个7的后面我画了一个长长的图形，上面写着这样一句话：The Magical Number Seven Plus or Minus Two。什么意思呢？也就是“神奇数字7±2法则”。在这个长长的图形下边我画了四个分支，分别是：闹钟，代表时间；房子，代表地点；火柴人，代表人物；还有一个卷轴，代表记忆的相关规律。

有的人会说了，为什么在这个表现形式当中，没有遵照思维导图的法则，而用了一种不同的形式表现出来呢？在这里想和大家分享的是，当你画够了一定数量的思维导图后，可以有自己的风格、自己的方式，只要是用自己的思维模式就可以了。如果我们还按传统的那种，通通交于一点上的方式，一个是整个画面的构图不便于我们去整合，一个是我们在思考的过程当中，可能会有一定的局限性。

下面我们来看具体的内容。简单来说，人脑的短时记忆或工作记忆只能同时记住三个片段，对一般人来说，听到的信息越多，记住的比例就会越少，那么记住四条信息比记三条信息难很多，记住五条就更难了，当信息数量达到八条的时候，大多数人都无法记住全部的信息。

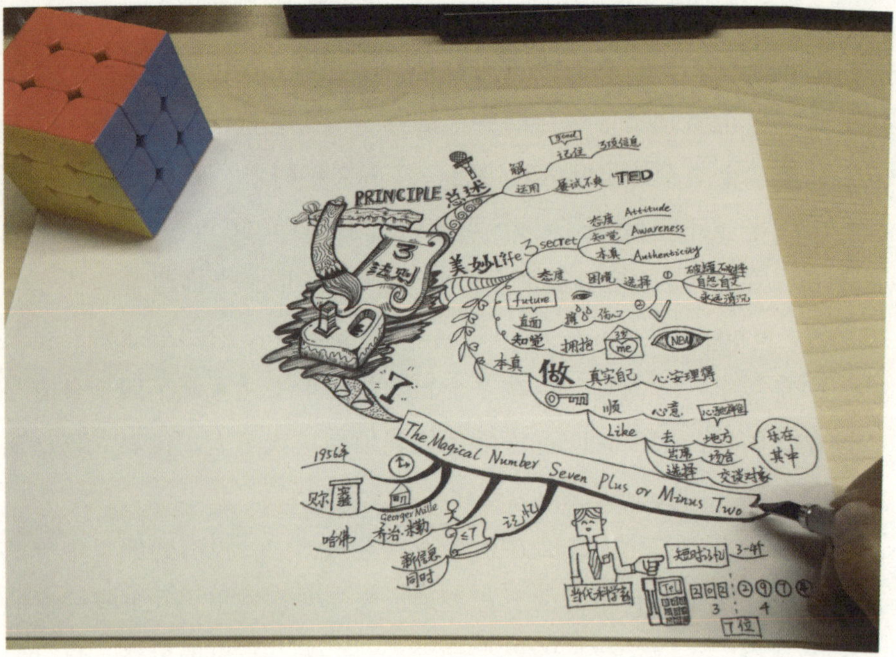

绘制第三主干内容

看这个导图：时间是1956年，地点是贝尔实验室，人物是哈佛大学的米勒教授。米勒教授曾经发表过一篇经典的文章，题为《神奇数字7±2：信息加工容量的极限》。米勒发现，大多数人只能同时记住不超过7条新的信息，注意了，是7条新的信息。那现在你知道为什么以前大部分的电话号码大多是7位数了吧。

当代科学家称，我们凭短时记忆，可记住的信息数量为3～4个，那想一想别人口头留下电话号码时，你手里没有笔，你往往会下意识地把一串数字分成两个部分来记。那么我们看旁边的插图——这位“先生”，也就是一位当代的科学家，他手所指的方向内容是：短时记忆通常的记忆数量是3～4个，下面画了一部电话和7位数的电话号码，我们通常把它分为两个部分，其中一个部分由3位数构成，另一个部分由剩下的4位数构成，这就是我们的第三个主干的关键词，概括为“魔力之七”。

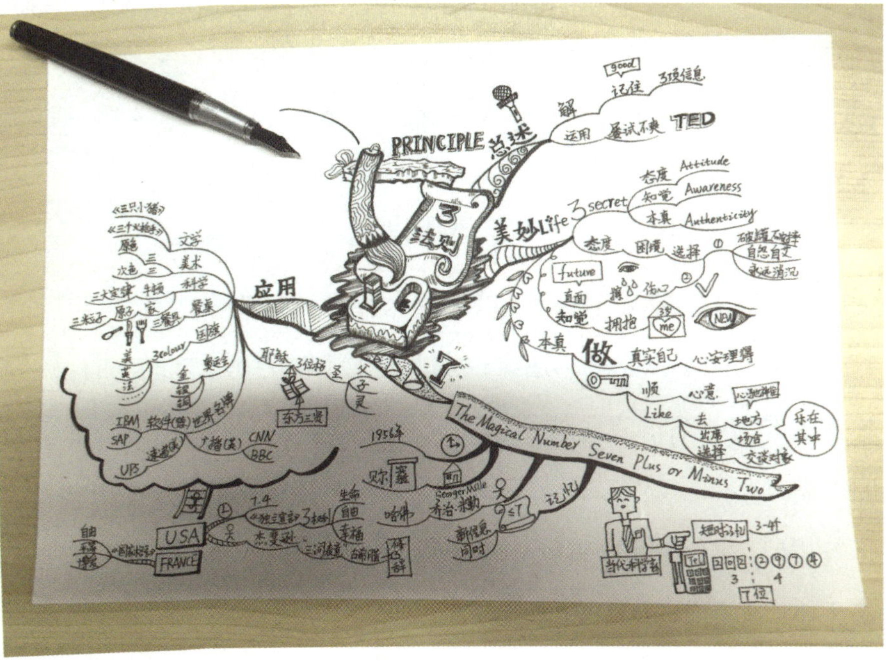

绘制第四主干内容

现在我们来绘制第四个主干。第四个主干我写的关键词是：应用，指的是三法则在日常生活中的应用随处可见，同样也分为了几个部分。

三法则在商业和社会生活当中很常见，你会发现在文学领域有《三只小猪》《三个火枪手》等书籍；在美术领域，画家对三原色、三次色都很熟悉；在科学领域，牛顿发现了力学的三大定律，其他科学家也发现了构成原子的三种粒子；餐桌上有三种餐具，勺、刀、叉；美国、英国、法国、意大利、阿根廷和俄罗斯等很多国家的国旗也是三种颜色的；奥林匹克运动会有金、银、铜三个奖项。还有很多世界名牌的名称都是由三个字母构成的，比如说IBM、SAP（德国的一家软件公司）、UPS（美国联合包裹速递服务公司），还有CNN和BBC（英国的广播公司）都非常有名。可以说“3”是无处不在的。

对于写作和演说来说，“3”比其他任何数字都能达到令人满意的效果。“3”在我们周围可以说比比皆是，这并非巧合。成功利用这个数字的除了杰斐逊，还有许多世界上杰出的作家和TED演讲者。比如说非常有名的吉尔博士演讲的《左脑中风，右脑开悟》。这是TED历史上第二个受欢迎的演讲，他把这个演讲平均分为三部分，每部分用6分钟来阐述，这样一来，既便于他发挥和演讲，又让观众更易于抓住他演讲的关键信息。

绘制第五主干内容

接下来我们来绘制第五个主干，也就是这幅思维导图的最后一个主干。上面的主题是Message Map，也就是信息地图的意思，它是应用于演讲和产品推介再好不过的工具了，它能够让你的演讲内容更清晰、更简洁，但前提是你只有先理解“三法则”这个技巧后才能够奏效。信息地图是指用一张纸呈现出你的想法，也就是“一页掌控”的能力。它应该成为你的传播技巧之一，它能够帮助你在15秒内推广一切，比如产品、服务、企业、想法等或者为一个18分钟的演讲构建一个框架——用信息图设计引入你演讲的内容，可以让你的演讲更加引人入胜。

这个技巧有三个步骤，我们可以在笔记本上记下这三个步骤：

在这个毛笔的旁边我画了一个可以翻页的纸，上面写着：创建标题，也就是创建一个推特（Twitter）体标题。我们都知道推特（Twitter）是有字数限制的，不超过140个字符。那么你可以问问自己，关于你的产品、服务、品牌、想法等，你最想告诉客户的是什么，在这样的信息地图的最上方可以画一个圆，然后把这个问题的答案写进去，这就是你的标题。记住，要保证这个标题字数不超过推特（Twitter）字数限制的140个字符。如果你不能用少于140个字符描述清楚你的产品或想法的话，那你就要重新进行思考了，用最精简的话语进行描述。

第二步，就是用三个关键信息来支撑标题。人的短期记忆只能同时记住三个信息，我们在设计演讲大纲的时候，要提炼出三个能支撑整个演讲主题的关键信息。你可以回想一下，刚才说到了吉尔博士的演讲《左脑中风，右脑开悟》。他把演讲分成了三部分，共用18分钟，分别是大脑的结构、中风那一天，以及那次经历带给他关于人生、世界以及所处位置的洞见。

我们再来看，Message Map后面的也是一个类似于储存云的形状，上面有内容。这个内容介绍的是史蒂夫·乔布斯2005年在斯坦福大学毕业典礼上的演讲。同样画了一个圆圈，上面是标题：Do What You Love（做你热爱的事）。具体的内容是：点滴串联，里德学院、书法、麦金塔电脑；爱和失去，苹果车库、被解雇、重返苹果；死亡，癌症诊断、时间有限、求知若渴、虚心若愚。谈到这里呢，用另一种解释就是虚怀若谷，大智若愚。这就是我们的第二个步骤，用三个关键词的信息来支撑标题。

第三步，就是用故事、统计数据和案例来强化上面的这三个关键信息，即在三个关键信息前面分别标上了着重号。你没有必要把整个过程写出来，写出几个能够起到提示作用的关键词就可以了。那么记住，整张信息地图必须绘制在一张纸上。

我们还是再来回顾乔布斯2005年在斯坦福大学的这场著名演讲的信息地图。这场时长15分钟的演讲，他的风格和TED演讲十分接近。演讲的主题属于推特体，做你热爱的事（Do What You Love），演讲分为三部分（点滴串联、爱和失去、死亡）。那么每部分又包含了三个论据。演讲者最想传达给观众的信息，在这样一张信息地图上被完整地呈现出来。绘制一张信息地图也好，思维导图也好，都是确保整个演讲过程言简意赅、条理清晰的有效方式。在这部分内容旁边我们也看到了，用两个框框，写出来的关键词是言简意赅、条理清晰，用一个锁链串联起来，最后点明主题：大道无形，小即是美。

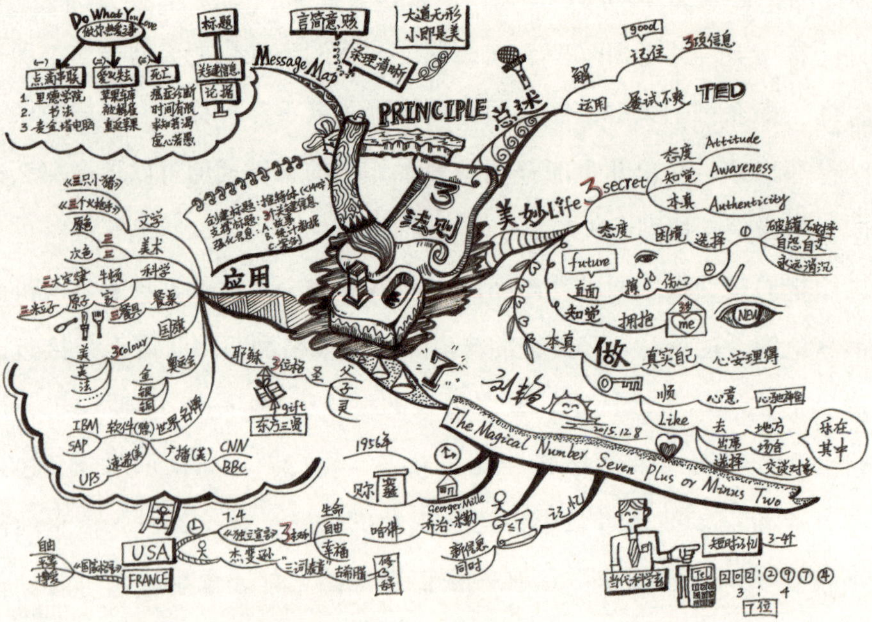

钢笔素色导图演讲大纲《三法则》图

以上便是演讲三法则的导图版内容呈现，我们可以直观看到，通过这样一幅思维导图，我们可以阐述出很多内容，这也无形当中体现出导图的“化繁为简，以简驭繁”的原理。以简驭繁就是以导图这样简单的形式，阐述出整个你想要表达的思想；用简单的图像形式呈现出丰富的内容。

【案例分享】

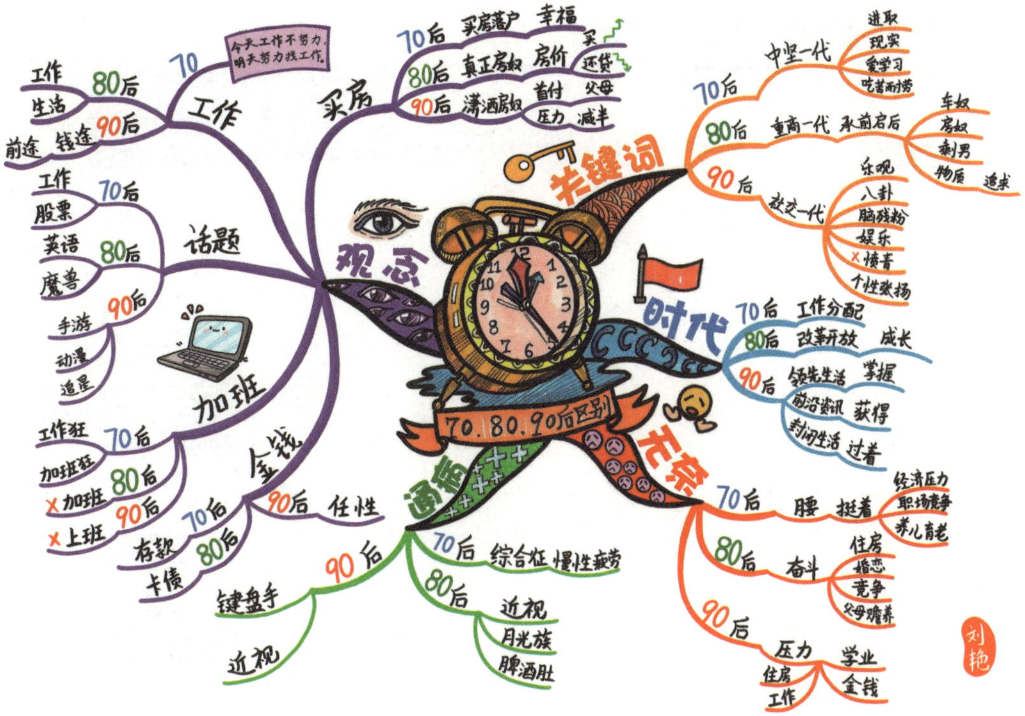

演讲大纲《70、80、90后的区别》图

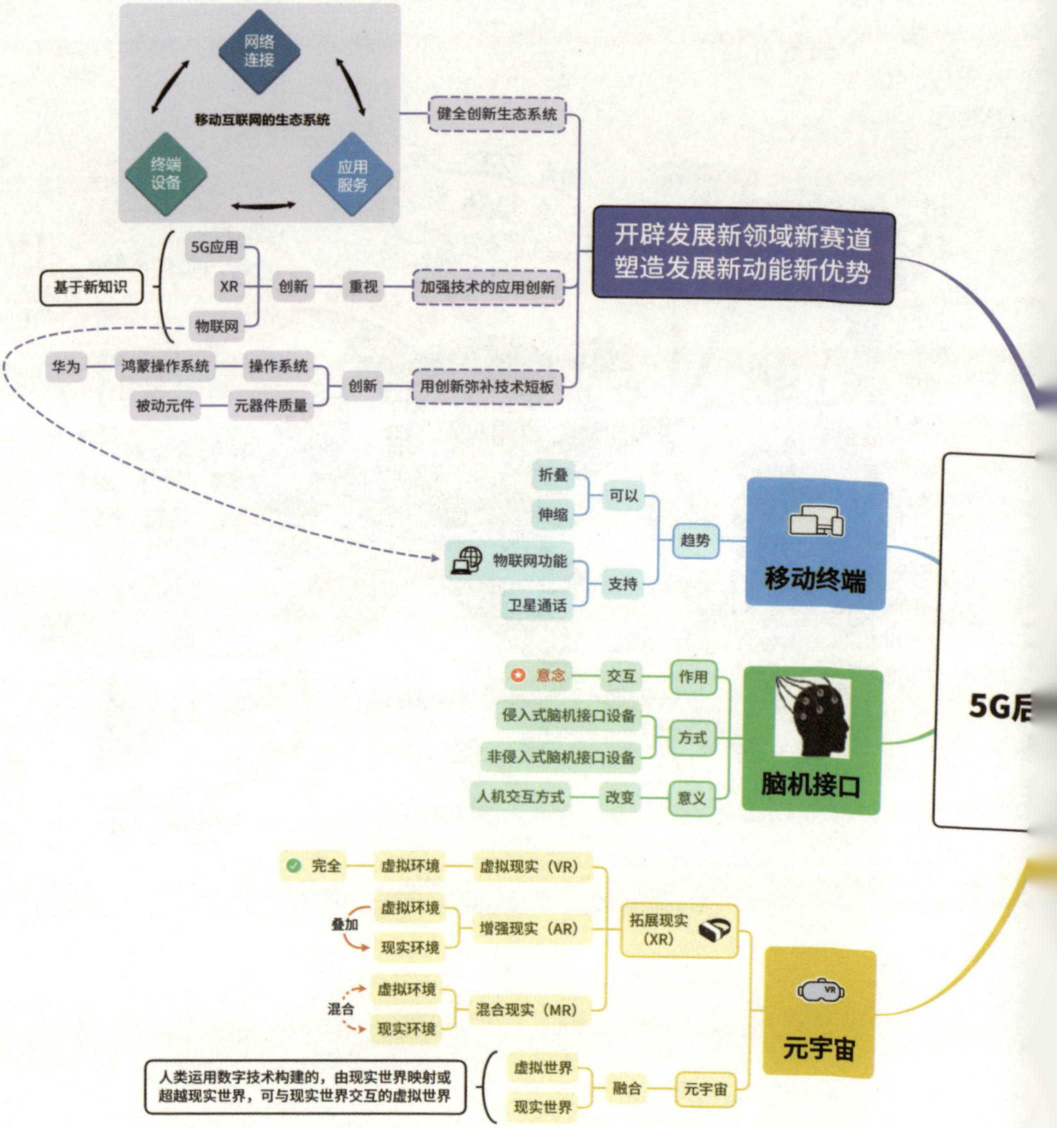

网络连接
移动互联网的生态系统
终端设备
应用服务
健全创新生态系统
开辟发展新领域新赛道 塑造发展新动能新优势
基于新知识
5G应用
XR
物联网
创新
重视
加强技术的应用创新
华为
鸿蒙操作系统
操作系统
被动元件
元器件质量
创新
用创新弥补技术短板
折叠
伸缩
可以
趋势
物联网功能
卫星通话
支持
移动终端
意念
交互
作用
侵入式脑机接口设备
非侵入式脑机接口设备
方式
人机交互方式
改变
意义
脑机接口
5G后
完全
虚拟环境
虚拟现实（VR）
叠加
虚拟环境
现实环境
增强现实（AR）
拓展现实（XR）
混合
虚拟环境
现实环境
混合现实（MR）
元宇宙
人类运用数字技术构建的，由现实世界映射或超越现实世界，可与现实世界交互的虚拟世界
虚拟世界
现实世界
融合
元宇宙

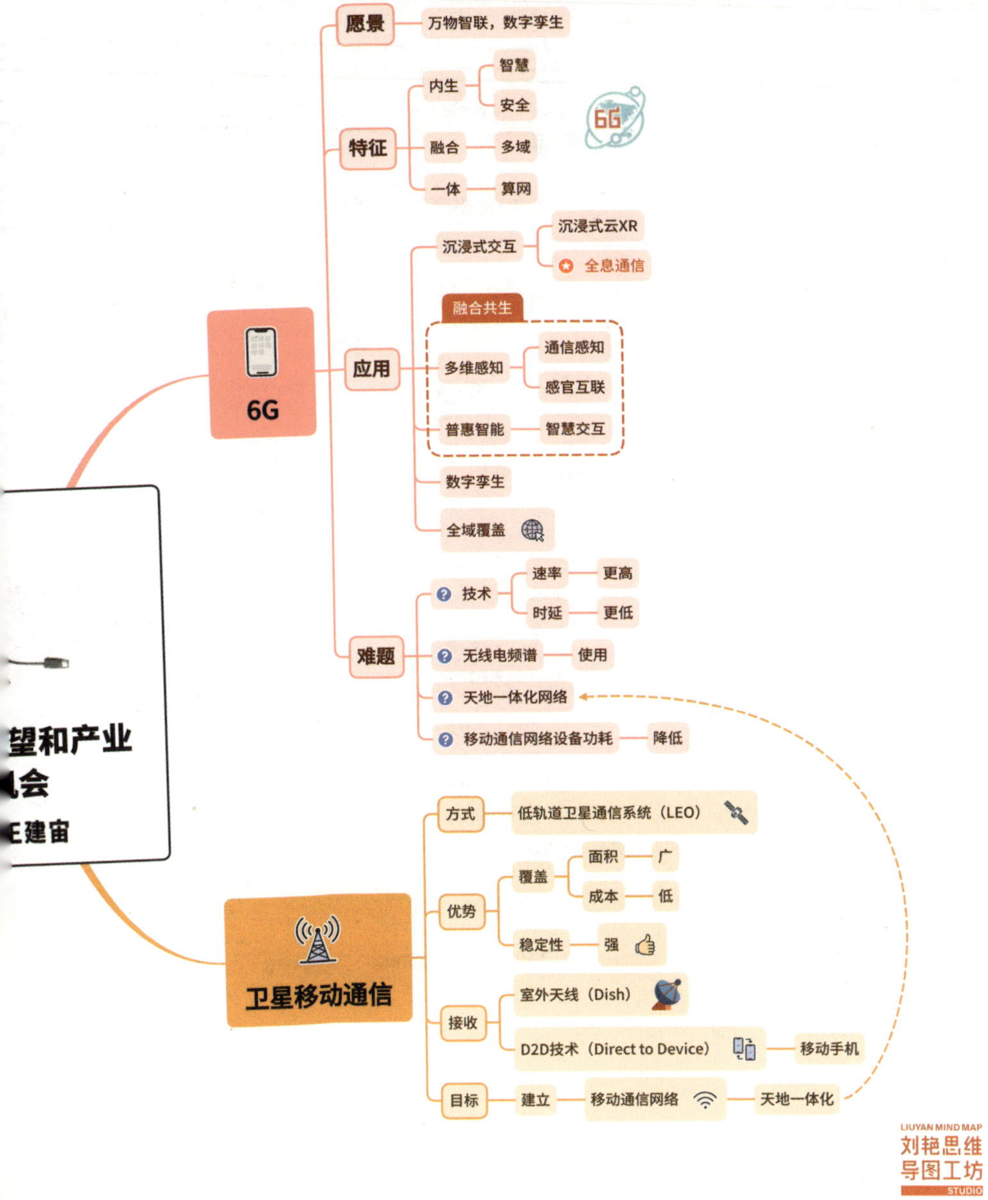

演讲大纲《5G后技术展望和产业发展机会》图

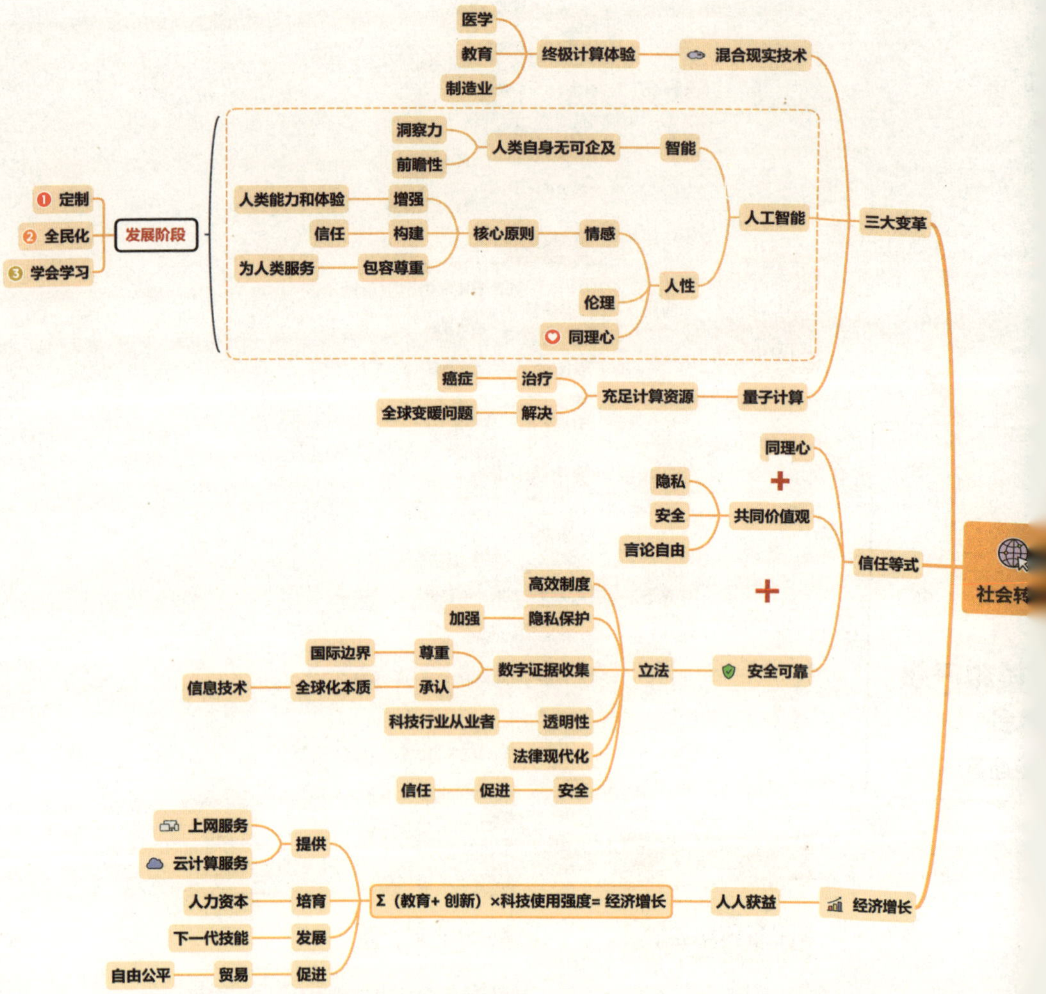
医学
教育
制造业
终极计算体验
混合现实技术
洞察力
前瞻性
人类自身无可企及
智能
人类能力和体验
增强
信任
构建
为人类服务
包容尊重
核心原则
情感
伦理
同理心
人性
人工智能
三大变革
❶ 定制
❷ 全民化
❸ 学会学习
发展阶段
癌症
治疗
全球变暖问题
解决
充足计算资源
量子计算
同理心
隐私
安全
言论自由
共同价值观
信任等式
高效制度
加强
隐私保护
国际边界
尊重
信息技术
全球化本质
承认
数字证据收集
立法
安全可靠
科技行业从业者
透明性
法律现代化
信任
促进
安全
上网服务
云计算服务
提供
人力资本
培育
下一代技能
发展
自由公平
贸易
促进
Σ（教育+ 创新）×科技使用强度= 经济增长
人人获益
经济增长
社会转

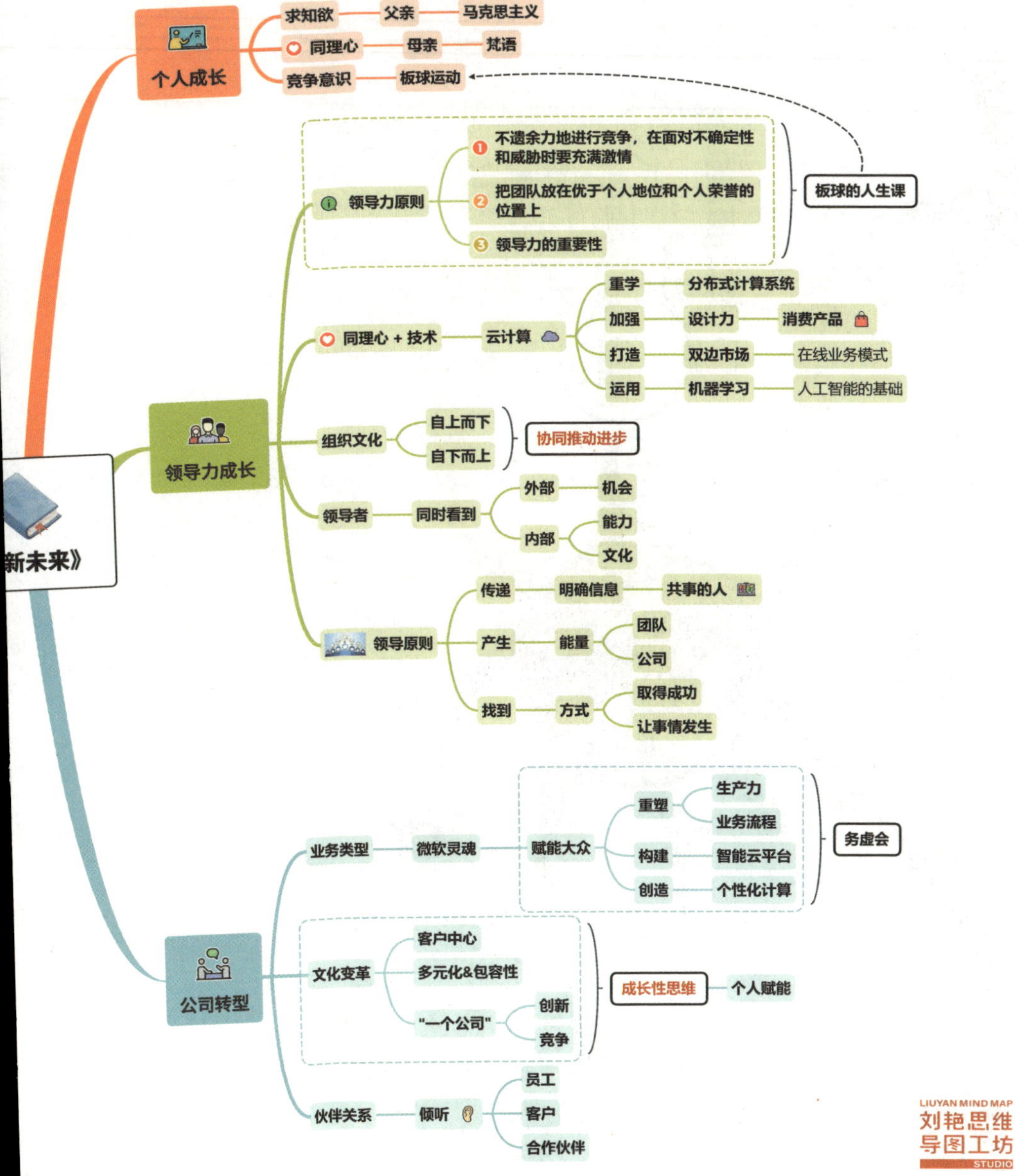

新未来》
个人成长
求知欲
父亲
马克思主义
同理心
母亲
梵语
竞争意识
板球运动
领导力成长
领导力原则
不遗余力地进行竞争，在面对不确定性和威胁时要充满激情
把团队放在优于个人地位和个人荣誉的位置上
领导力的重要性
板球的人生课
同理心 + 技术
云计算
重学
分布式计算系统
加强
设计力
消费产品
打造
双边市场
在线业务模式
运用
机器学习
人工智能的基础
组织文化
自上而下
自下而上
协同推动进步
领导者
同时看到
外部
机会
内部
能力
文化
领导原则
传递
明确信息
共事的人
产生
能量
团队
公司
找到
方式
取得成功
让事情发生
公司转型
业务类型
微软灵魂
赋能大众
重塑
生产力
业务流程
构建
智能云平台
创造
个性化计算
务虚会
文化变革
客户中心
多元化&包容性
"一个公司"
创新
竞争
成长性思维
个人赋能
伙伴关系
倾听
员工
客户
合作伙伴
LIUYAN MIND MAP
刘艳思维导图工坊
STUDIO

演讲大纲《刷新未来》图

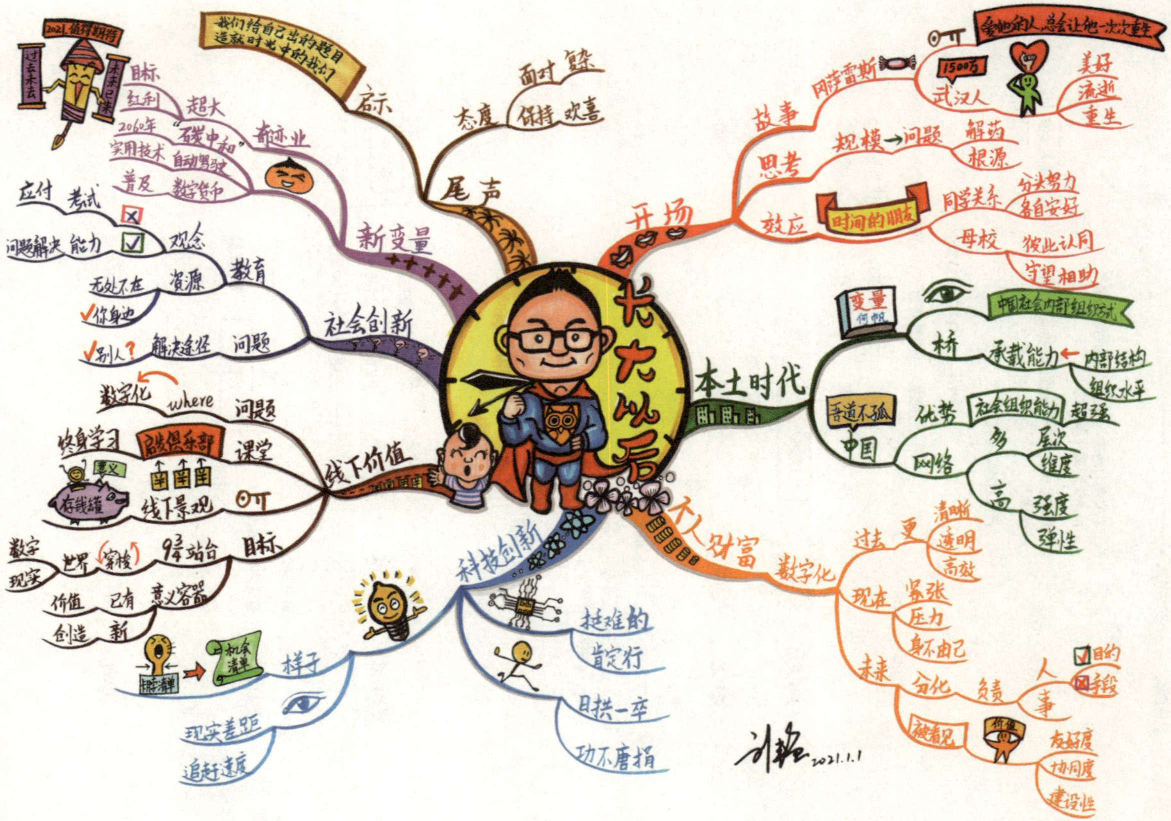
长大以后
开场
故事
网荐雷斯
武汉人
1500万
爱他的人总会让他一次次重生
美好
流逝
重生
思考
规模→问题
解药
根源
效应
时间的朋友
同学关系
分头努力
各自安好
母校
彼此认同
守望相助
本土时代
变量
桥
中国社会内部组织方式
承载能力
内部结构
组织水平
吾道不孤
中国
优势
社会组织能力
超强
网络
多
层次
维度
高
强度
弹性
个人财富
数字化
过去
更
清晰
透明
高效
现在
紧张
压力
身不由己
未来
分化
负责
人
目的
事
手段
被看见
价值
友好度
协同度
建设性
科技创新
挺难的
肯定行
日拱一卒
功不唐捐
样子
机会清单
现实差距
追赶速度
线下价值
数字化
where
问题
课堂
终身学习
俱乐部
意义
存钱罐
线下景观
目标
9¾站台
数字
现实
世界
穿梭
意义容器
价值
已有
创造
新
社会创新
问题
解决途径
别人？
教育
资源
无处不在
你身边
观念
能力
问题解决
考试
应付
新变量
奋亦业
“碳中和”
超大
红利
目标
2060年
实用技术
自动驾驶
普及
数字货币
2021值得期待
过去未去
未来已来
尾声
启示
我们给自己出的题目 造就时光中的我们
态度
面对
复杂
保持
欢喜
刘…… 2021.1.1

演讲大纲《长大以后》图

目标设定

目标设定是人生规划中一个重要的课题。不知大家是否还记得在第二篇我们讲解的用曼陀罗九宫格思考法做目标思考练习，要求中间的格子写上“目标”，在周围空白的八个格子里把自己的实际目标以关键词或关键图的形式清晰表达出来。设定目标在每个阶段都有十分重要的意义，目标给了我们一个清晰的、看得见的美好图景。它既是努力的方向，也是一种鞭策，我们用心努力地去实现这些目标，就会产生小小的成就感，而且伴随着总目标中一个又一个分解的小目标的实现，我们的思维方式和行为方式也会渐渐改变，我们会越来越开心，越来越上进，越来越开阔。

设定短期目标的模板：

目标设定模板

【案例分享】

英语学习目标设定图

目标
计划书
2019.
9-12月
董新秀.2019.9.18
生活
健身
外
跑步
早上
1次/天
内
拉伸
20分/天
兴趣
厨艺
练
2次/天
字帖
15分/天
家庭
其他人
陪伴
1次/周
儿子
陪伴
1h/天
汉字
英语
目标
资格证
教师
小学
11月
比赛
中国
管理师
读
10月
课程
刘艳老师
学习
内容
记
专注
1幅/天
分析
速读前
1幅/2天
速读后
1幅/天
自由
1/3天
简笔画
积累
知识存量
备注
复盘
画完
复习
1/3天
演讲
学习
知识
发声
3次/天
技巧
锻炼
自我
演练
每周
读书会
资格证
教师
试
知识能力
2h/天
教育
教学
综合素质
资料
1h/天
面试
形象
礼仪
平时

目标计划 董新秀/绘

除了用以上模板做目标设定之外，还可以通过下面这幅图呈现的几个维度——工作、学习、财务、生活，做相应的目标设定。

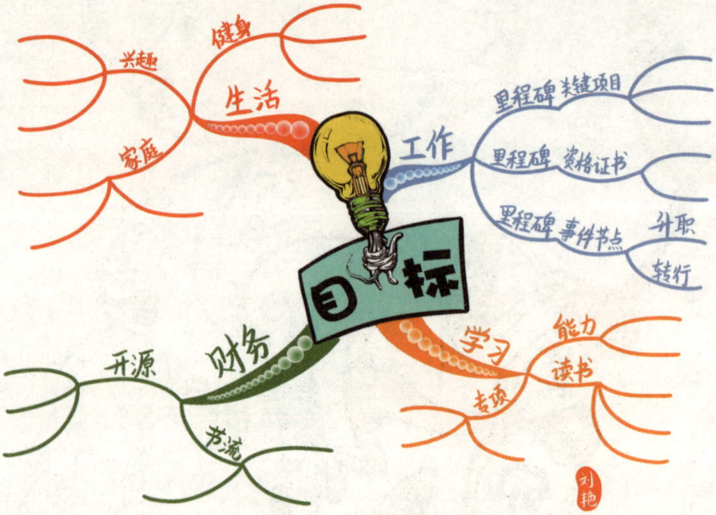

我的目标图

成功策划

策划是一种程序，在本质上是一种运用脑力的理性行为；策划更是一种对未来采取的行动做决定的准备过程，是一种理性思维的程序。如何成功策划一项活动、如何策划一场职业考试，等等，这些都是我们在日常工作生活中经常涉及的议题。

策略大师Michael Porter曾经这样说过：策略就是做选择，并且根据自己所拥有的资源及所处的状况，设计出一套制胜策略，创造出竞争对手不可置换的地位。

成功策划通用模板

成功策划——3R2S法则

此模板重点阐述两个点：一个是结果当中的“SMART法则”，一个是注意事项当中的“不利情况和应变措施”。

先来了解一下“SMART法则”：

Specific（明确性）：策划方案中必须有十分明确的要达成的目标。

Measureable（衡量性）：策划方案的目标就是绩效指标，指的是可被数字量化、被体验的数据。

Attainable（实现性）：绩效指标在付出努力的情况下是可实现的，并且要避免设立过高或过低的目标。

Relevant（相关性）：指要实现此目标与其他各个方面的连带关系，由此可观察到此策划案经过延展扩大后产生的经济效益。

Time-based（时限性）：指完成绩效指标的特定期限。

再来了解一下“成功的关键和不利的情况”这两个要素。

二者之间是相互对应的，从这一模板当中双向的关联箭头我们就可以直观意识到，有几条不利情况，就要有几条应变措施。这一目标模板中有一个“迷你导图——GOSA”。GOSA的思考是一个很实用的思考框架，除了运用在销售之外，也可应用在策略规划上，帮助我们从长远的远景开始定位，直到底层的执行展开为止。

目的（Goal）——Where will we go? 我们要走向何方？

目标（Objective）——What will we be done? 我们要完成什么？

策略（Strategy）——How should we do? 我们应该如何做？

执行（Action）——What will we do? 我们必须做些什么？

以公司为例，首先要检视公司的目的，即长期方向；本策划案的目标，即短期绩效。然后再根据客户的需求以及竞争对手的状况，找出最适合公司的回应策略，即战略定位。最后展开计划执行，即战术方法。特别要注意：目的产生目标，目标产生策略，策略产生执行，是一个完整的阶层逻辑架构。

成功策划——导游考试

作品解读：这是我几年前应用思维导图做的一份关于导游考试的策划案。整幅导图的中心图是一支拟人化的铅笔拿着一张100分的试卷。旁边有5支针管，分别代表本次考试要考的5本书——《北京导游基础》《北京主要景点》《当代北京概况》《导游业务》《全国导游基础》。这代表5个科目的5支针管正在给这支铅笔输送5门知识的养分，助力顺利通过考试。此幅导图总共分为五大部分，分别是：想要的结果、现状剖析、可用资源、行动步骤以及注意事项。此幅图还运用了代码标注，例如：小红旗——忘记你我做不到；蓝色星星——身体是革命的本钱。

成功策划法多维模板

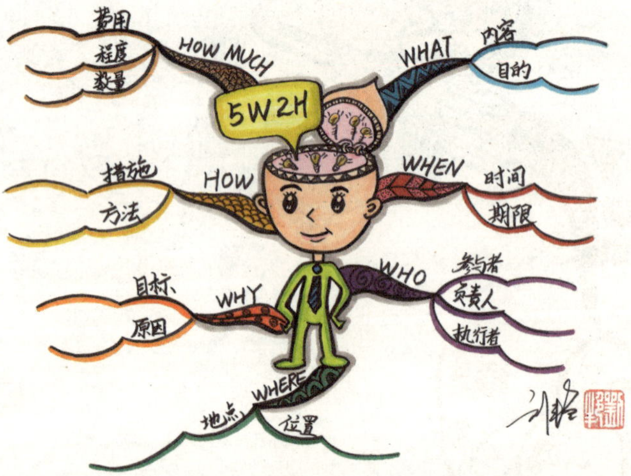

5W2H分析法

“5W2H分析法”又叫“七何分析法”，简单、方便，易于理解、使用，富有启发意义，被广泛用于企业管理和技术活动，对于决策和执行性的活动措施也非常有帮助，也有助于弥补考虑问题的疏漏。

教学设计

思维导图这种工具摒弃了传统的应试教育模式，是一种全新的思维模式和有效的教学方法。运用思维导图进行教学设计，有利于教师构建教材的知识网络，节省备课时间，促进教师进行发散性的关联思考，增强记忆。思维导图在课堂当中的应用可以帮助引导学生独立建构完善系统的学习思维体系，指导学生自主探究出适合自己的思维模式，教会孩子们如何思考，并且养成优秀的思维习惯，着力完成从知识体系到知识技能再到学习能力的转变。

教师在课程设计中使用思维导图，可以给孩子们树立很好的榜样，正确引导孩子用多维思考的方式分析解决问题。这种方式将知识加工、导图绘制、思维训练三大过程融为一体。导图绘制中的“提炼关键词”，从知识加工方面来讲可以使内容重点更加突出，从思维训练方面来讲锻炼的是学生们的概念区分能力和概括能力；思维导图绘制中的“确定中心主题”，从知识加工方面来讲可以使主题明确，从思维训练方面来讲训练的是学生们的高级概括能力和聚合思维运用；思维导图绘制中的“分出图主干”，从知识加工方面来讲可以使条理更加清晰，从思维训练方面来说提升的是学生们的分类概括能力和发散思维的运用；思维导图绘制中的“细化图分支”，从知识加工方面来讲可以使层次分明，从思维训练方面来说增强的是学生们的逻辑关系梳理和递进思维运用；“脑内绘全图”，从知识加工方面来讲可以形成知识网络，从思维训练方面来说锻炼的是右脑的图像思考和左脑的系统思考。总之思维导图可谓教与学的完美结合。

尤其是我们的老师要善于在课堂当中运用这种可视化的思维技术来辅助教学。教师在备课期间可以利用导图来整合知识，通过对知识体系结构的深入理解可以轻松应对课堂上的突发性状况，做到心中有数，游刃有余。思维导图也可以作为教学进程中的引导工具，即在教学过程中逐步形成一幅思维导图，集中学生的注意力，边讲边画，引导学生进行思维的聚合和发散。例如，利用思维导图学会制作高水准的课件、设计课程大纲，等等。

【案例分享】

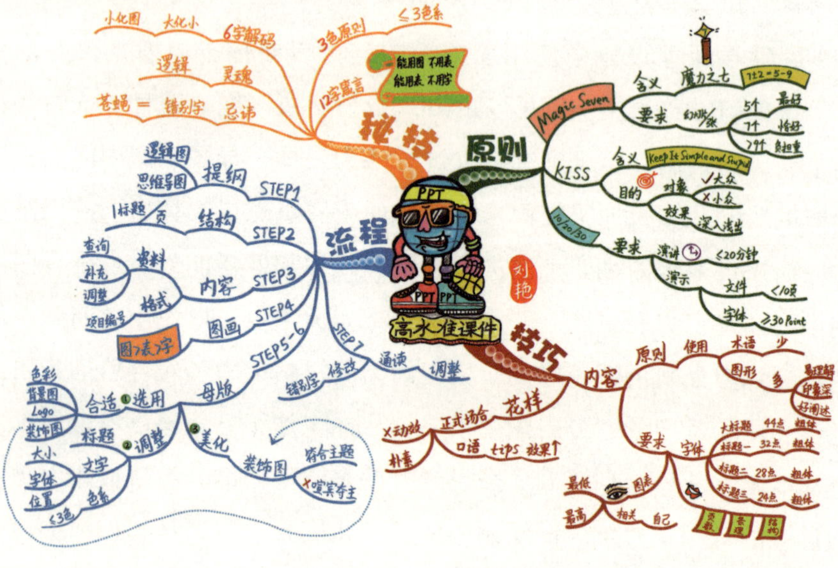

高水准课件制作解析图

作品解读：本幅思维导图共分为四大部分，分别是：制作原则、制作技巧、制作流程以及秘技。

PPT制作原则

第一分支：Magic Seven原则（7±2=5~9）。每张幻灯片传达5个概念效果最好，7个概念人脑恰好可以处理，超过9个概念负担太重了，请重新组织。

第二分支：KISS（Keep It Simple and Stupid）原则。因为我们做PPT针对的是大众，不是小众；我们的目的是把自己的理解灌输给听众，深入浅出才代表你对知识的真正掌握。

第三分支：10/20/30法则。演示文件不超过10页，演讲时间不超过20分钟，演示使用的字体不小于30点（30 Point）。

PPT制作技巧

第一分支：内容——多使用图形，少用术语。大标题：44 点、粗体；标题一： 32点 、粗体；标题二：28点 、粗体；标题三： 24点、 粗体。如果有必要请多以图形表达你的思想，因为图形更容易让人理解，同时也让听众印象深刻，当然图形也会帮助演讲者更好地进行阐述。但是同样你必须注意图形上标注字体的大小。所有人看到图表，第一眼就是找最低的和最高的，然后找跟自己相关的。把这三个东西标出来，人家会觉得很省事。别写那么多字，没人看，除非你打算照着念。要想办法让人知道你的PPT还有多少，或者告诉人家你要说的条理和结构。

第二分支：花样——正式场合不使用任何PPT动效，非要使用最多不超过3种。不要用超过3种的动画效果，包括幻灯片切换。因为好的PPT不是靠效果堆砌出来的，朴素一点比花哨的更受欢迎。多用口语，放在一些类似tips的地方，效果往往加倍。

PPT制作流程

1.最开始什么都不要想，不要去查资料，也不要接触电脑，而是用笔在纸上写出提纲。当然，尝试画出简单的逻辑结构图，如果是思维导图最好了，越细越好。

2.打开PPT，不要用任何模板，将你的提纲按一个标题一页打出来。过去我们大部分人总是追求完美，首先做模板，花掉半个多小时，做的过程中不满意的地方又要修改，做完后又修改，甚至最后完全推翻，这种方式真的是费时费力。

3.有了整篇结构性的PPT（底版/内容都是空白的，只是每页有一个标题而已）就可以开始去查资料了，将适合标题表达的内容写出来或从网上拷贝进来，稍微修整一下文字，每页的内容做成带“项目编号”的要点。当然在查阅资料的过程中，可能会发现新的资料，非常有用，却不在你的提纲范围中，则可以进行调整，在合适的位置增加新的页面。

4.看看PPT中的内容哪些是可以做成图的，如其中带有数字、流程、因果关系、障碍、趋势、时间、并列、顺序等内容的，全都考虑用图画的方式来表现。如果有时候内容过多或实在是用图无法表现的，就用“表格”来表现，实在表达不出来才用文字说明。所以，最好的表现顺序是：图—表—字。这个过程中图是否漂亮不要在意，“糙”点没关系，关键是你用的图是否准确。

5.选用合适的母版。根据你的PPT呈现出的情绪选用不同的色彩搭配，如果觉得Office自带的母版不合适，自己可以在母版视图中进行调整，自己加背景图、Logo、装饰图等。

6.在母版视图中调整标题、文字的大小和字体以及合适的位置。根据母版的色调，将图进行美化，调整颜色、阴影、立体、线条，美化表格、突出文字等。注意在此过程中，把握整个PPT的颜色不要超过3张色系！否则你的PPT就会显得特别乱而且“土”！美化页面，看看哪里应该放张装饰图，图片可以从网上找，建议用Google的图片搜索（用英文最好），装饰图的使用原则是“符合当页主题，大小、颜色不能喧宾夺主”。

7.最后在放映状态下，自己通读一遍，哪里不合适或不满意就调整一下，修改错别字。

秘技

尽量用一种字体，最好不要超过3种。PPT的灵魂——逻辑；PPT的忌讳——错别字等于苍蝇；3色原则——不要超过3种色系；6字解码——大化小，小化图：提纲时，用逻辑树或思维导图尽量将大问题分解成小问题，小问题用图表现；12字箴言——能用图，不用表，能用表，不用字。只要掌握如上原则，PPT肯定不会很“糙”或“土”，而且具有“工匠精神”，可谓“品质非凡”！

国学营课程设计图

作品解读：这是我利用思维导图这个工具设计的关于为期10天的国学营的课程大纲，它帮助我很好地梳理课程内容，课程板块和细节内容层层递进，线线相连，环环相扣，可以让我对整个课程内容做到心中有数。尤其是在向上级领导汇报课程内容及设计想法时，这个导图可以作为展示交流的工具。我把这个课程大纲导图打印放大为展板，边展示边讲解，让我大脑当中的设计思路变得可视化、可感知。在汇报大会上这种全新形式的呈现受到了上级领导的一致好评。

日常生活应用

思维导图的应用范围非常广泛，只要我们掌握其中的规律，完全可以应用在各个领域。接下来我们就来共同了解一下思维导图在日常生活中是如何应用的。

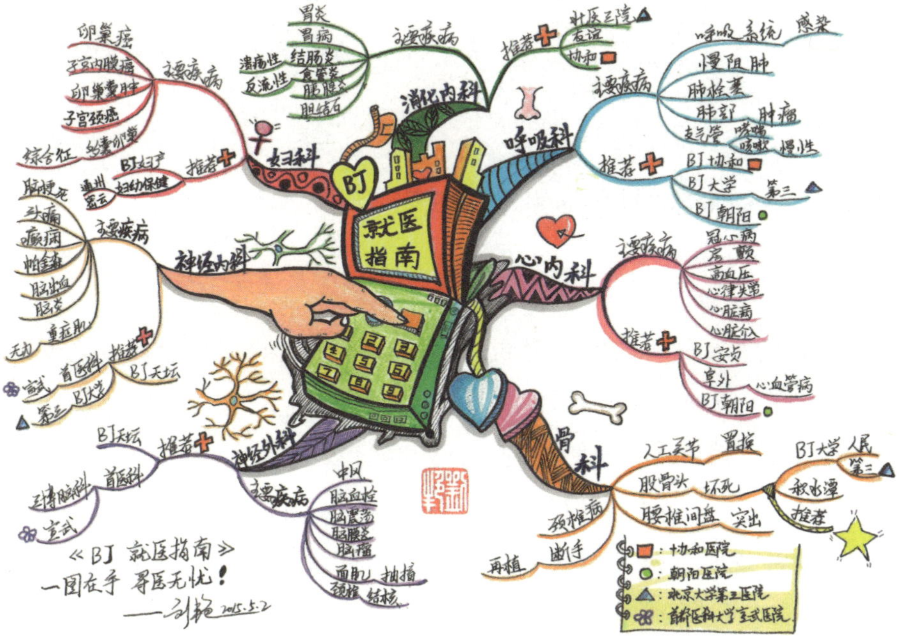

北京就医指南图

作品解读：画这幅图的初衷是因为我的一个朋友要来北京看病，电话中向我询问哪家医院比较好。我一时语塞，回答不出来，因为一直不太关注这方面的内容。因此放下电话后我立刻在网络中搜索相关信息并整理成了这张思维导图——北京就医指南。这幅导图是按科目进行划分的，每个科目又分为主要疾病和推荐医院。在绘制的过程中我发现了一个小小的问题，就是科目与科目推荐的医院中有时会同时出现同一家医院，比如北京大学第三医院是神经内科、呼吸科、消化内科、骨科都强烈推荐的医院，为了能够快速清晰地找出其中的关联，我运用了“颜色代码标注”的小技巧（参见上幅导图右下角），这样一来这幅导图就成了实用价值很高的“北京就医指南”了。

用思维导图鉴别过期药

日常生活中，难免会遇到头疼脑热的情况。这就需要家庭药箱中的常备药出马上阵，缓解一些常见疾病和症状，我们用一张思维导图就可以告诉你家里药箱的“常住客”。

感冒药——感冒随时都有可能发生，特别是换季时，家中的小药箱要常备感冒药，特殊人群在选择感冒药时，应根据其不同特点考虑。

老人要考虑慢性病，患有糖尿病的老人，要避开含糖量高的感冒冲剂或糖浆。高血压老人不要选择含麻黄碱成分的感冒药。很多复方感冒药中都含有对乙酰氨基酚，肝不好的老人要慎用。

儿童慎用复方药，复方感冒药常由解热镇痛药、减少毛细血管充血药、镇咳药、抗过敏药等多种成分组成。一般不建议2岁以下幼儿用复方感冒药，应遵医嘱选用儿童专用感冒药。

助消化药——中青年人相对应酬多，更易出现消化不良，家中可备些健胃消食片、多酶片等。

缓泻药——蒙脱石散、黄连素等药物用来治疗腹泻。

促排便药——益生菌制剂、欧车前、润肠通便丸等，可缓解轻度便秘。老人便秘可先用乳果糖。

外用药——眼干用生理盐水和玻璃酸钠滴眼液，跌打损伤使用云南白药和创可贴。

急救药——有哮喘的患者，需常备预防哮喘急性发作的气管扩张气雾剂等。心血管疾病患者可遵医嘱常备急救药，如硝酸甘油、速效救心丸等。需要主要的是，硝酸甘油储存时应注意避光。

家庭备药图

在家里储备了药物，应定期检查。想知道药物是否变质，有几种简单的判断方法。

看——看药品有无变色，适用于各类药物。

白色的药片变色或出现霉点、斑点，均表示药品已变质失效，不可再服。

糖衣片失效时外层糖衣常会破裂，出现斑块或斑点，还会发生自溶、变黑或发霉。

眼药膏及其他药膏出现明显变干、变稀、变色、水油分离等，就不可再使用。

捏——胶囊极易受潮，捏着如感觉有明显软化、破裂、漏油等，不宜服用。

闻——栓剂、药片、胶丸等，闻一闻有无臭味或异味。阿司匹林等片剂受潮后会产生浓烈酸味，对胃肠道刺激性大大增加，因此不宜再服用。颗粒剂、冲剂和糖浆剂失效时往往会出现异味，比如发酵味、臭味。胶丸往往很难从颜色上判断其是否变质，但如果有油味，就最好不要服用了。

触——糖衣片和胶囊，如果药品摸上去相互粘连，则不宜服用。

摇——悬浊液、口服液、糖浆、眼药水、滴鼻剂等，摇一摇是否有沉淀，如药物中有结晶、絮状物或见浑浊，则不可再使用。

5招
鉴别过期药
看
白药片
变色
霉点
斑点
糖衣片
外层
破裂
斑
块
点
自溶
变黑
发霉
药膏
变
干
稀
色
分离
水油
捏
受潮
软化
破裂
漏油
闻
胶丸
油味
异味
剂
颗粒
冲
糖浆
片剂
酸味
胃肠道
刺激
触
粘连
糖衣片
胶囊片
摇
种类
悬浊液
口服液
糖浆
眼药水
滴鼻剂
沉淀
结晶
絮状物
浑浊

鉴别过期药5招图

房贷还款8大招

亲子共读活动《My favorite animal》王丹/绘

亲子互动古诗记忆 刘梅艳 陈恩宇/绘

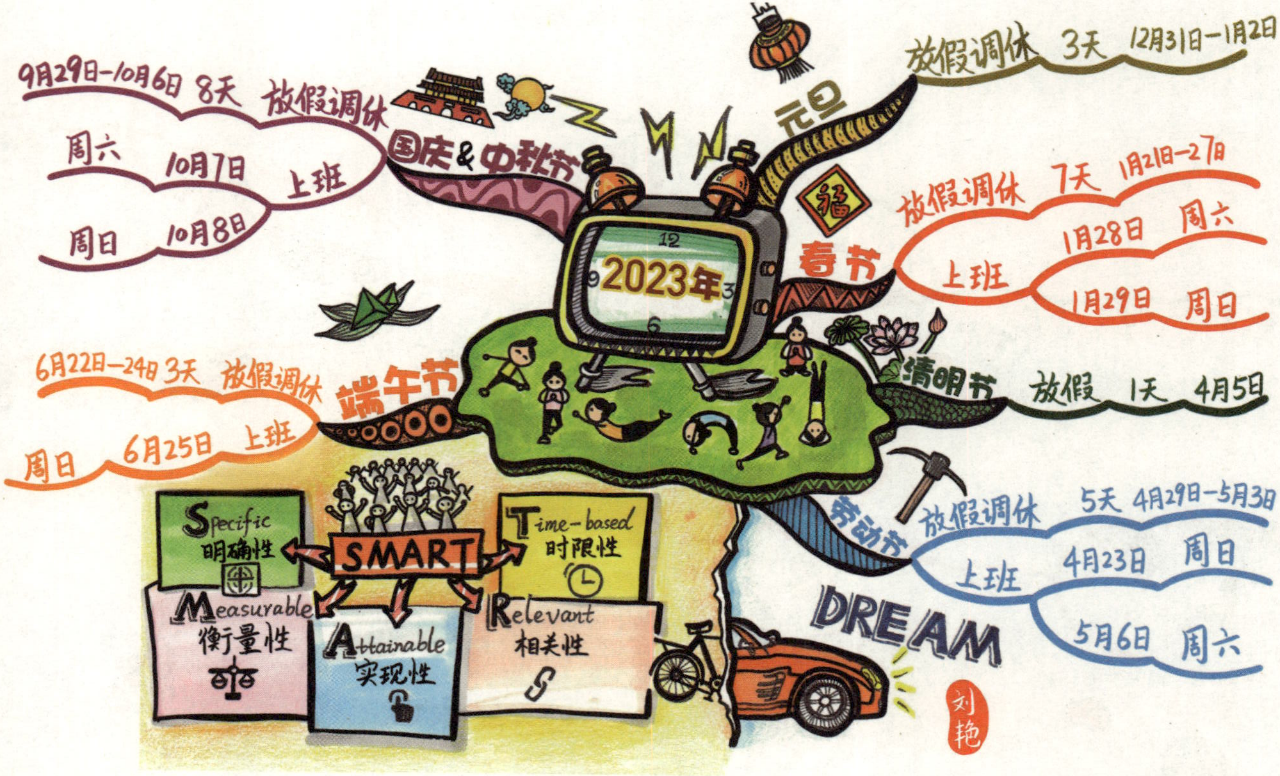
2023年
元旦
放假调休 3天 12月31日—1月2日
春节
放假调休 7天 1月21日—27日
上班
1月28日 周六
1月29日 周日
清明节
放假 1天 4月5日
劳动节
放假调休 5天 4月29日—5月3日
上班
4月23日 周日
5月6日 周六
端午节
放假调休 6月22日—24日 3天
上班 6月25日 周日
国庆&中秋节
放假调休 9月29日—10月6日 8天
上班
10月7日 周六
10月8日 周日
SMART
Specific 明确性
Measurable 衡量性
Attainable 实现性
Relevant 相关性
Time-based 时限性
DREAM
刘艳

2023年放假安排

曲阜简介图 陈虹宇/绘

作品解读： 这幅图的主题是“曲阜”，侧重点是人文历史，对旅游只是一带而过。

第一个大纲主干：简介。主要是对曲阜的文化与政治地位以及名字来历进行了概括。主干以报纸代替，线条分支都是以词条的形式呈现。分支旁的黄顶建筑是耶路撒冷的标志，因为曲阜被誉为“东方耶路撒冷”。

第二个大纲主干：历史。讲的是历史上曲阜曾是几个国家的首都，所以就用红墙黄瓦来表现它是首都，这种类型的分支是在故宫和恭亲王府里得到的灵感。其中那个中断的柱子代表的是大庭氏之墟。

第三个大纲主干：人文。主干用一支毛笔代替，因为毛笔象征着中国独有的文化。分支是龙的形状，表现了这些人的重要地位。那个白发的老人是祖师爷。那个跪下的人代表了道德。鸭梨代表了孔融，因为孔融最著名的事迹就是让梨。

第四个大纲主干：孔子。讲的是孔子生平，主干用马车表现是因为孔子一生都在周游列国。

海南游记图 陈虹宇/绘

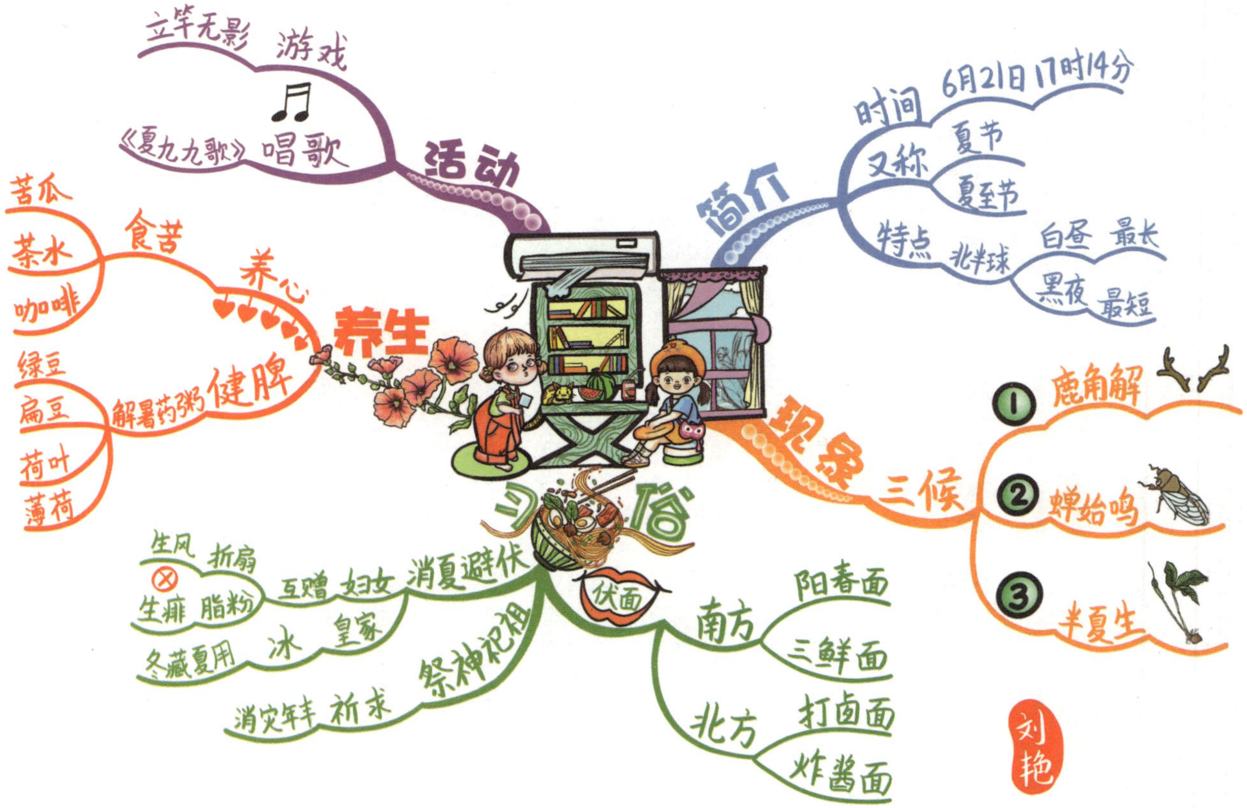
夏
简介
时间 6月21日17时14分
又称 夏节 夏至节
特点 北半球 白昼 最长 黑夜 最短
现象 三候
① 鹿角解
② 蝉始鸣
③ 半夏生
习俗
伏面
南方 阳春面 三鲜面
北方 打卤面 炸酱面
消夏避伏 妇女 互赠 折扇 生风 脂粉 ⊗生痱
皇家 冰 冬藏夏用
祭神祀祖 祈求 消灾年丰
养生
养心 食苦 苦瓜 茶水 咖啡
健脾 解暑药粥 绿豆 扁豆 荷叶 薄荷
活动
游戏 立竿无影
唱歌 《夏九九歌》
刘艳

夏至

附录：东尼·博赞推荐序 原稿

What a thrill to know, as the Father (and Grandfather) of the Mind Map, that one of the greatest Mind Mappers in history has just completed a masterpiece of a book a guaranteed best-seller in both China and the world which you now hold in your hands by Liu Yan!

Liu Yan has worked with incredible energy and persistence, having summarised 100 Mind Maps which were chosen over 1000 Mind Maps drawn over the past seven years. In this new Book of Mind Maps, every Mind Map is beautifully described, as well as including excellent Mind Map tips for hand-drawing Mind Maps. The Quality of this book is guaranteed. The Brilliance is profound. The Beauty is Heart-Warming (and Brain-Warming!).

Liu Yan is a true Warrior of the Mind!

Plato once said "Thinking is the soul of self–talk." In fact, in the process of human development, we regard all of the information reservation as memories, while the process of sorting of information, letting information to create value is called thinking. Mind mapping is a tool which can help people to deal effectively with information, record sorting and thinking of your brain. The hand–drawn Mind Mapping is a sublime process of recording the mind. Drawing itself is the thinking process of recording a full tense, after the completion, result of thinking can be present, as Mind Maps help make dreams come true.

In the rapid development of informatization of today, I am delighted to see Yan Liu published the book of Mind Mapping. This book is mainly focused on the drawing of hand–drawn Mind Mapping, with lots of examples which can let us feel the charm and power of Mind Mapping. In addition, this book comprehensively reflects the drawing process of Mind Mapping, the core technique of hand–drawn, the importance of thinking, as well as the infinite applications of Mind Mapping in study, work and life. Furthermore, Liu has summarized lots of questions on Mind–Map drawing with answers, which are of great help to beginners. In a word, this book is a Gospel for those people who love hand–drawn Mind Mapping.

I first met Liu in Beijing, 2010. At that time, she held a huge book of hand–drawn Mind Mapping. Every page was so attractive, engaging and beautiful. Her modest attitude and diligence impressed me a lot. In 2014, on British TLI certification class of Mind Mapping, we made an in–depth communication, and I could feel her love and dedication for a life devoted to a Mind Mapping career. In recent years, I was glad to see the devotion that Liu Yan contributed to the development of Mind Mapping. She planned and drew China’ s largest Mind Map, which was 216 square meters, and also trained a large number of Mind Mapping fans, as well as let them got great harvest in the process of learning with Mind Maps. I know that we will meet again to jointly promote the development of Mind Mapping!

As one of the greatest Mind Mappers herself, and as one of the most creative, intelligent, and diligent teachers of Mental Literacy and Mind Mapping.Today in Singapore World mind map Championships happened yesterday and today. And I’ m now with the Gold Medalist. Liu Yan has won the world mind map championships, and mind maps she’ s done are extraordinary. They are brilliant. And her mind maps are so good, so creative, so imaginative, so multiply intelligent. The one award mind maps championship. And not only mean that judges went through the mind maps and marked them. And liu' s mind maps altogether, each one, these three, one each category, and it was in short, the first category, the second category, the third category, liu also has won the highest marks in each one, and all over mark the greatest. 92.5% for all works she has done. The best ever that happened in competition. So you now have the gold medalist in the world. So please make sure you follow Liu, you have one of the greatest leaders ever, and liu has my mind maps march in China and around World.

A very good new #Brilliant Book on Mind Map Apps, now on the March throughput #China and the World! I highly recommend this Mind Map Master piece!

Congratulations!

TONY BUZAN

December 14,2016